CATALOGUE

DE LA

FAUNE DE L'AUBE.

CATALOGUE

DE LA

FAUNE DE L'AUBE,

OU

LISTE MÉTHODIQUE

Des Animaux

VIVANTS ET FOSSILES, SAUVAGES OU DOMESTIQUES,

Qui se rencontrent, soit constamment, soit périodiquement,

DANS CETTE PARTIE DE LA CHAMPAGNE ;

Par **Jules RAY**,

Membre correspondant de la Société d'Agriculture de l'Aube,
Membre de la Société Cuviérienne.

(*Extrait de l'*Annuaire *de 1843, publié à Troyes, sous les auspices de la Société d'Agriculture, Sciences, Arts et Belles-Lettres de l'Aube.*

TROYES,

IMPRIMERIE ET LITHOGRAPHIE BOUQUOT.

—

1843.

CATALOGUE

DE LA

Faune du département de l'Aube,

ou

LISTE MÉTHODIQUE

Des Animaux vivants et fossiles, sauvages ou domestiques, qui se rencontrent, soit constamment, soit périodiquement, dans cette partie de la Champagne.

Avertissement.

Ce n'est pas un traité d'histoire naturelle, mais seulement un catalogue que je viens offrir à la Société d'Agriculture, comme *Esquisse d'une Faune de l'Aube*. Je n'ai pas eu, un seul instant, la prétention de présenter des aperçus nouveaux ; les observations que j'ai pu faire sont trop peu nombreuses. Je ne donne ici qu'une simple liste des espèces, mais avec l'indication précise des localités où on les rencontre ; encore n'ai-je abordé dans cette nomenclature qu'une partie du sujet. Il n'est peut-être pas un seul des cantons de notre département qui ne possède des animaux ou des plantes qui lui soient tout-à-fait propres et dont quelques espèces ne soient pas encore décrites. On croit assez généralement qu'il n'y a plus rien à découvrir, ni même à étudier en fait d'histoire naturelle dans le pays que nous habitons ; c'est là, je crois, une grande erreur. Je citerai quelques exemples : les chauves-souris, les musaraignes sont-elles bien connues ? Depuis Buffon, plusieurs nouvelles espèces ont été trouvées au centre de la France ; qui pourrait affirmer qu'il n'en existe pas d'autres encore ? N'y a-t-il plus rien à dire sur les différentes espèces de mulots et de campagnols, qui font le désespoir des cultivateurs ? Parmi les fauvettes, les quatre à cinq espèces de pouillots de France, qui ont entre elles de si grands rapports, sont-elles bien déterminées ? Peut-on se flatter de connaître suffisamment les œufs des oiseaux ? Les auteurs ne s'accordent guère, et sans aucun doute de grossières confusions ont été faites dans cette partie de l'histoire naturelle. Les mues, simples et doubles, si intéressantes chez quelques oiseaux, les lézards, les salamandres, dont on ne peut qu'avec peine distinguer les espèces, n'ont-ils pas besoin d'être mieux étudiés ? On pourrait presque dire que les poissons des mers les plus éloignées sont mieux connus que ceux de nos rivières. Plusieurs petites espèces ne sont pas encore décrites, d'autres se trouvent confondues. Combien d'autres questions n'aurait-on pas à soumettre à un examen long, attentif et détaillé ? Si tout n'est point encore dit pour la connaissance des espèces, combien de lacunes doit-on s'attendre à trouver, à plus forte raison, dans ce qui est relatif à leurs mœurs, à leur genre de vie, etc. En effet, presque tout est à étudier de nouveau pour rendre complète l'histoire des animaux qui vivent chez nous. Ne reste-t-il pas à faire des observations suivies sur les passages réguliers et irréguliers des oiseaux ? à connaître quelle est la cause qui peut rendre ce passage abondant dans certaines

années, et presque nul dans d'autres ? Enfin n'avons-
nous plus à rechercher si parmi tant d'espèces qui
nous environnent, il ne s'en trouverait pas que nous
pourrions asservir, comme nous avons réussi à le faire
pour des espèces étrangères ?

Mais il est bien difficile que les hommes, qui s'occupent en grand de la science, fassent par eux-mêmes
tant d'observations minutieuses. Que les naturalistes
de Paris tracent les grandes divisions, qu'ils généra-
lisent, en un mot qu'ils fassent la synthèse, c'est leur
tâche. N'en est-il pas une autre, plus humble, mais
utile aussi, qui naturellement doit échoir aux naturalistes de province ? En toutes choses, il faut des spé-
cialités et de l'analyse. Si donc chaque département,
se renfermant dans le cercle qui lui est tracé, pouvait
résoudre les questions d'histoire naturelle qui le con-
cernent, la science ne trouverait-elle pas là une grande
source de progrès ?

Il y aurait, ce me semble, avantage incontestable,
sous tous les rapports, si les sociétés scientifiques et
littéraires de province s'occupaient d'une manière
toute spéciale de ce qui regarde la circonscription à laquelle elles appartiennent, et si les musées départe-
mentaux d'histoire naturelle contenaient plus particulièrement les sujets du département. Tout ce qui est
exotique y serait admis seulement comme objet de
curiosité ou de comparaison. Ces collections particu-
lières prendraient alors un véritable intérêt, parce
qu'elles pourraient devenir complètes ; il serait bien
plus utile de réunir plusieurs individus d'un même
animal indigène, différant entre eux par l'âge, le sexe,
et pris à différentes époques de l'année, que de se
procurer une nouvelle espèce venant à grands frais
de l'Océanie : car, c'est en comparant et en étudiant
ces différences de robe ou de plumage qu'on arrive
tous les jours à découvrir les erreurs de Buffon et de

Linnée, qui d'une seule espèce parfois en ont formé plusieurs.

Après les vœux que je me permets d'exprimer, on trouvera sans doute bien mince la part que je viens prendre à leur réalisation.

J'ai dû laisser de côté les mollusques, les articulés et les rayonnés, sur lesquels je n'avais pas de notions suffisantes, et qui demanderaient de longues observations toutes spéciales; je ne me suis occupé que des vertébrés.

Il est à désirer que les personnes qui ont étudié plus particulièrement les autres divisions continuent cette liste. Ainsi M. Cottet en peu de temps pourrait compléter le catalogue des mollusques dont, depuis plusieurs années, il a commencé l'étude, et MM. Cartereau et Dupin, celui des articulés.

Le faible travail que je présente, si aride qu'il soit, m'a demandé beaucoup de temps et de recherches; à défaut d'autre mérite, je voulais qu'il eût au moins celui de l'exactitude. Il me paraît utile; il détermine l'étendue de nos richesses en une certaine partie de l'histoire naturelle, et il fixe l'objet de nos études. Ce catalogue peut guider dans la recherche des animaux que le musée doit aspirer à posséder, et diriger les amateurs du département dans l'étude de tous ceux qu'ils doivent désirer connaître. Il peut encore être utile aux personnes qui s'occupent de la statistique de quelques-unes de nos localités.

Peu de personnes dans notre département s'adonnent, il faut bien l'avouer, aux études scientifiques, et de toutes les sciences la zoologie est la plus délaissée.

La collection d'histoire naturelle appartenant à la Société d'Agriculture, a commencé à être organisée en 1830 par le zèle éclairé de MM. Patin et Leymerie, et d'après les vœux déjà exprimés quelques années auparavant par M. Delaporte. Elle eut pour premier noyau quelques objets provenant de l'ancien lycée qui précéda la société actuelle, recueillis par M. Serqueil, membre le plus zélé de cette société, et son secrétaire, et qui, depuis les désastres de 1815, restaient enfouis dans des armoires de la bibliothèque. Le conseil municipal y ajouta une collection de minéralogie, qui avait été donnée à la ville par un généreux concitoyen.

Un appel fait au public ayant bientôt rendu insuffisant le local de l'hôtel de la préfecture, occupé par la société, il fallut chercher un emplacement plus convenable, et les salles inférieures des bâtiments de St.-Loup, dont la jouissance avait été concédée au lycée pour le même usage, furent rendues en 1831, par le conseil municipal de Troyes, à la nouvelle Société d'Agriculture. Le conseil-général accorda des fonds pour y établir quelques armoires vitrées, et le conseil municipal vota avec empressement les sommes nécessaires pour l'achèvement de ces armoires et pour mettre ces salles en état.

Il est à regretter que, depuis longues années, le conseil-général n'ait accordé aucun secours à cet utile établissement, et qu'en raison de ce qu'il appartient à la Société d'Agriculture, qui est une institution départementale, la ville de Troyes ne l'ait pas pris entièrement à sa charge. Il résulte de cet état de choses, que ses collections ne reçoivent que bien peu d'accroissement. La Société d'Agriculture, qui n'a point assez de ressource et qui ne peut plus guère en espérer du conseil-général pour donner au musée l'extension dont il a besoin, obtiendrait peut-être, en le plaçant sous le patronage de la ville, qu'une allocation annuelle fournît les moyens de l'entretenir et de le compléter.

Pour que le musée de St.-Loup présente un intérêt positif et immédiat, pour qu'il devienne véritablement profitable à l'instruction publique, il faut que des cours d'histoire naturelle y soient régulièrement faits, et qu'un jardin botanique, que tant de personnes réclament, y soit établi dans l'emplacement, maintenant inutile, qui attend cette destination. Quels avantages ne retireront pas de ces cours les élèves du collége qui se destinent aux sciences, en trouvant ainsi à leur disposition le complément indispensable des cours de chimie et de physique qu'ils suivent déjà!

Outre cette collection. il en est bien peu d'autres que .l'on puisse citer : qu'il me soit permis de passer en revue les cabinets de zoologie que possède le département.

Mais d'abord jetons un regard en arrière et déplorons la perte que la science a faite dans notre pays, en la personne de M. Serqueil, médecin distingué, zélé pour les sciences naturelles, mort en janvier 1814, victime du dévouement qu'il montra en soignant les malades qui encombraient non-seulement l'hôpital, mais encore St.-Nizier et l'évêché actuel, pendant l'épidémie qui fit tant de ravages à cette époque.

Lors de l'établissement à Troyes d'une école centrale, M. Serqueil fut chargé du cours de zoologie et de botanique. Il avait su faire partager aux élèves qu'il réunissait autour de lui, son amour pour la science dont l'étude remplissait les courts loisirs que lui laissait le soin de ses malades. Ses élèves se rappellent encore avec plaisir les excursions scientifiques qu'il dirigeait, s'occupant, suivant la saison. tantôt de zoologie, tantôt de botanique. Il avait rassemblé et classé dans son cabinet les animaux de notre pays, et son herbier renfermait trois mille plantes, qu'il avait recueillies. soit dans le midi de la France quand il étudiait la médecine à Montpellier, soit dans nos contrées qu'il avait explorées en tous sens. Il avait érigé en jardin botanique le terrain qui dépend de l'évêché, et qui lui avait été concédé pour la démonstration de son cours, conformément à l'arrêté du directoire qui avait décidé que chaque chef-lieu de département aurait son jardin des plantes. Plus tard il transporta son jardin botanique dans les dépendances de l'ancienne abbaye de St.-Loup. Il est bien à regretter que les précieuses collections que l'on devait à son zèle infatigable aient été dispersées et perdues pour les amateurs.

Il ne reste plus qu'une très-faible partie de son cabinet, qui à sa mort est passée entre les mains de M. Simonnot, juge-de-paix à Troyes.

Ces collections, les premières qui aient existé à Troyes, et les cours que M. Serqueil professa pendant quelques années, ont sans aucun doute donné la première impulsion à l'étude des sciences naturelles dans notre pays.

M. Jourdain, d'Ervy, savant numismate qui a consacré tant d'années à former une collection de médailles des plus précieuses, est encore bien connu par son cabinet d'histoire naturelle, où se trouvent rassemblés la plupart des mammifères et des oiseaux du département. Ce cabinet, remarquable par le nombre des individus qu'il renferme, offre quelques oiseaux dont le passage dans nos contrées est excessivement rare ; M. Jourdain paraît avoir abandonné la zoologie pour consacrer tous ses instants et tous ses soins à l'augmentation des richesses de son médailler, dont heureusement la possession est acquise à la ville de Troyes.

C'est à l'obligeance de M. Jourdain que l'on doit une liste des mammifères et des oiseaux de son cabinet, insérée dans l'Annuaire de l'Aube en 1834.

A propos de cette notice, je ferai, dans l'intérêt de la science, avec la réserve que me commande la haute opinion que j'ai dû savoir de M. Jourdain, une observation qui n'est peut-être pas sans quelqu'importance. La plupart des nombreux albinos, qui sont indiqués dans cette notice sous le nom d'espèces, ne seraient-ils pas seulement des variétés passagères et accidentelles, occasionnées par la vieillesse, par quelque maladie, par un froid subit au moment de la mue, ou peut-être par une décharge d'électricité sur le fœtus ? (*)

Comme entomologiste distingué, on doit citer au premier rang M. Dupin, médecin à Ervy, dont la précieuse collection de lépidoptères ne pourrait trouver de rivale qu'à Paris. Pour nous, ce qui en fait surtout le prix, c'est qu'elle a été rassemblée dans le pays, et que les échantillons ne proviennent point d'achat, mais de larves trouvées dans des excursions et soignées jusqu'à la sortie de l'insecte parfait.

M. Dupin a fait la promesse désintéressée de déposer au Musée de Troyes une collection de lépidop-

---

(*) Cette dernière cause peut, si je ne me trompe, avoir une grande influence ; voici du moins ce qui me porte à le croire : dans un pays que j'ai habité quelques temps, je voyais très-souvent une ou deux pies presque blanches. Comme je cherchais à m'expliquer cette anomalie, je me rappelai que quelquefois dans la grille de l'hôpital de Troyes, on dénichait de jeunes moineaux blancs, dont le père et la mère avaient le plumage ordinaire. Il me semble voir une coïncidence remarquable dans ces deux faits : une grille de fer est un excellent conducteur de l'électricité, et les peupliers où nichent communément les pies, quoique moins bons conducteurs de leur nature, deviennent, par leur élévation, de grandes voies de communication électrique dans les temps d'orage.

Il est encore un fait bien connu que je citerai à l'appui de mon raisonnement : le tonnerre fait souvent mourir le fœtus dans l'œuf, cela est constant ; or, quand il ne le tue pas, ne peut-il pas l'émouvoir au point de faire changer de couleur les plumes à peine formées? On a vu des chevelures d'hommes encore jeunes blanchir presque instantanément sous le coup des émotions

tères de l'Aube, aussitôt qu'un endroit convenable aura été préparé pour les recevoir. Espérons qu'on répondra à une offre si belle, en se mettant sans retard en mesure de l'accepter.

Bar-sur-Seine possède un amateur d'entomologie qui, non content d'étudier les lépidoptères ainsi que M. Dupin, s'occupe de rassembler les divers ordres des insectes. Il est malheureux que les occupations trop nombreuses de M. Cartereau, comme médecin, ne lui permettent pas de nous faire connaître, dans les Mémoires de la Société d'Agriculture, les découvertes qu'il fait tous les ans.

C'est à M. Cartereau que l'on doit l'herbier des plantes cryptogames de l'arrondissement de Bar-sur-Seine. Cette précieuse collection, dont les échantillons ont été revus avec soin par le docteur Mougeot, des Vosges, qui s'occupe exclusivement de cryptogamie, et dont on connaît la compétence en pareille matière, est déposée au Musée de Troyes, à côté de

---

morales ; les émotions physiques ne peuvent-elles changer aussi la couleur de la robe des animaux? Peut-être pourrai-je donner plus tard des preuves plus positives du système que je hasarde ; je me propose préalablement de renouveler et de vérifier quelques expériences.

Du reste, ce ne serait là qu'une cause passagère d'albinisme, car les êtres qui pourraient provenir de ces albinos ressembleraient, sans aucun doute, à l'espèce primitive. Il ne faudrait donc pas, au nombre des espèces, ajouter tous les animaux qui ne se rencontrent qu'accidentellement en robe blanche. Toutefois il est des variétés constantes (ou races) *, dans lesquelles l'albinisme est naturel et se transmet aux enfants. (Ex. la souris blanche). Ces exceptions sont rares, et on en fait facilement la distinction.

* Il faut savoir bien distinguer les variétés purement accidentelles (dont nous ne parlerons point dans le catalogue de notre Faune) des variétés constantes, ou races : celles-ci reproduisent leur anomalie dans leurs enfants, tandis que les enfants des premières ressemblent constamment à la souche primordiale.

l'herbier de l'Aube, que l'on doit aux courses scientifiques de M. Des Etangs.

A Chaource, nous avons visité avec plaisir le cabinet de M. Coffinet, qui a réuni la plupart des mammifères et des oiseaux de son canton, et qui peut offrir quelques sujets fort rares dans nos contrées.

Nous devons encore citer M. Dupré, médecin à Bar-sur-Aube, qui a bien voulu plusieurs fois distraire de sa collection divers animaux préparés, pour en enrichir notre Musée.

A Briel, M. Gaston de Mesgrigny rassemble dans un cabinet, qui deviendra précieux, les mammifères et les oiseaux qu'il doit à son adresse de chasseur. Le voisinage des forêts et de plusieurs étangs favorise l'accroissement de cette collection intéressante.

D'autres cabinets se forment encore.

Ainsi, M. Lenfant, maire de Romilly, voisin de la Seine et de plusieurs marais, a pu rassembler les oiseaux de passage qui, l'hiver, fréquentent nos contrées.

M. Rabiet, chirurgien à Saint-Lyé, a entrepris, depuis quelques années, l'étude de la zoologie, et chaque saison lui amène quelques individus nouveaux à ajouter au fort beau commencement de collection qu'il possède déjà.

Outre les collections que je viens de citer, j'indiquerai encore celle que j'ai rassemblée moi-même; elle a servi de base à mon travail, et, si elle n'est pas des plus nombreuses, elle offre au moins une réunion assez complète des animaux vertébrés recueillis dans le département. J'y ai joint, en outre, les nids et les œufs de la plupart des oiseaux de nos contrées.

Pour le classement, j'ai suivi autant que possible

le système du règne animal de Cuvier. Je dis autant que possible, parce qu'il est des suppressions et des changements inévitables et nécessaires dans les familles et dans les genres, quand on a les animaux d'une seule contrée à étudier. Pour les oiseaux, j'ai cru devoir adopter les espèces admises par Temminck, dans son Manuel d'Ornithologie, dont la supériorité sur tous les traités de ce genre n'est plus contestée, et qui est le plus généralement suivi par les amateurs.

Pour les espèces litigieuses, nouvelles ou mal décrites, j'ai comparé avec soin mes échantillons avec les échantillons-types des Musées de Paris, et j'en ai soumis plusieurs à l'examen de naturalistes exercés : c'est ainsi que M. Bibron, collaborateur de M. Duméril, pour l'histoire des reptiles, des suites à Buffon, a bien voulu, avec une complaisance dont je ne saurais trop le remercier, vérifier mes reptiles et quelques-uns de mes poissons. M. Duméril a eu aussi la bonté de me donner la solution de quelques questions qui m'embarrassaient.

Tout en conservant un classement scientifique, nécessaire, j'ai tâché d'être facile à comprendre; je me suis reporté à l'époque où, commençant l'étude de l'histoire naturelle, je manquais d'un ouvrage spécial qui pût me guider dans l'étude des animaux de mon pays. Je n'ai point la prétention d'écrire pour les savants, et je n'ai pas perdu de vue que je m'adressais principalement aux élèves de notre collége : je serais heureux si mon travail pouvait servir de base à leurs collections naissantes.

Je mentionne bien quelques espèces que je n'ai pas rencontrées moi-même, et sur lesquelles je manque de renseignements locaux ; mais, dans ce cas, j'ai indiqué la source à laquelle j'ai puisé.

J'ai ajouté le nom vulgaire sous lequel certains

animaux sont généralement connus dans notre département; j'ai vu là un moyen de populariser la science. On remarquera combien est quelquefois vicieuse l'application de ces noms. Par exemple, le lérot est communément appelé loir; la cresserelle est connue sous le nom d'émerillon, le bruant sous celui de verdière, le torcol est appelé par les chasseurs ortolan, etc.

Je prie ici les personnes qui pourraient signaler les omissions et les inexactitudes qui doivent nécessairement se rencontrer dans cette Faune de l'Aube, de vouloir bien communiquer leurs observations.

Pour que ce catalogue devienne aussi complet que possible, il faut le concours de plusieurs, et, dans quelques années, il est probable qu'un supplément deviendra nécessaire.

Je remercie les personnes qui ont bien voulu m'aider de leurs conseils, sans lesquels ce petit travail n'aurait sans doute jamais eu lieu, et je leur en témoigne ma reconnaissance. Je dois citer M. Cottet, conservateur-adjoint de notre Musée, qui m'a communiqué une foule de renseignements sur nos fossiles, et qui a bien voulu me donner plusieurs modèles en plâtre, coloriés.

M'adonnant depuis l'enfance à la zoologie, dont l'étude est mon bonheur, je n'ai pu résister au désir de faire connaître mes observations. Avec la conscience de mon insuffisance, j'ai cédé au penchant qui m'entraînait. Je m'estimerai heureux si je contribue à répandre le goût des collections indigènes, et si cet essai, excitant l'émulation d'amateurs plus capables, les amène dans la carrière : n'aurait-il pas d'autre résultat, que je m'applaudirais de l'avoir provoqué.

NOMS DES AUTEURS CITÉS :

Pour les Mammifères.	Pour les Oiseaux.	Pour les Reptiles.	Pour les Poissons.
Baillon.	Bechstein.	Boié.	Agassiz.
Blumenbach.	Bremh.	Bonaparte, Ch.	Bloch.
Buffon.	Brisson.	Daudin.	Duhamel.
F. Cuvier.	Buffon.	Dugès.	Duméril.
G. Cuvier.	G. Cuvier.	Fontana.	G. Cuvier.
De Selys Longchamps.	Frisch.	G. Cuvier.	Gmelin.
Desmarets.	Gmelin.	Gmelin.	Jurine.
Erxleben.	Gould.	Jacquin.	Lacépède.
Geoffroy St-Hilaire.	Illiger.	Kuhl.	Linné.
Gmelin.	Latham.	Lacépède.	Rafinesque.
J. Hermann.	Leisler.	Latreille.	Schneider.
Linnée.	Linnée.	Laurenti.	Valencienne.
Pallas.	Meyer.	Linnée.	Vallot.
Shaw.	Montagu.	Merrem.	
Sowerby.	Savi.	Milne Edwards.	
Wagler.	Scopoli.	Risso.	
	Swainson.	Rœsel.	
	Temminck.	Schinz.	
	Vieillot.	Wagler, Jean.	
	Wolf.		

Pour l'indication des ouvrages de ces naturalistes, on cherchera dans les catalogues ou les biographies.

Signes et Abréviations.

R. R.	Très-rare.	C.	Commun.
R.	Rare.	C. C.	Très-commun.
A. R.	Assez rare.	!	Signe de certitude.
A. C.	Assez commun.	?	Signe de doute.

SIGNES ET ABRÉVIATIONS POUR LES OISEAUX.

● Se rencontre toute l'année.	E. Se rencontre pendant l'été.
H. — pendant l'hiver.	A. — pendant l'automne.
P. — pendant le printems.	N. Niche dans le département.

La connaissance du règne animal (zoologie) comprend :

1re FORME. — *Animaux Vertébrés.*

A SANG CHAUD.

Classe 1re. Les Mammifères (Mammalogie).
Classe 2e. Les Oiseaux (Ornithologie).

A SANG FROID.

Classe 3e. Les Reptiles (Erpéthologie).
Classe 4e. Les Poissons (Ictyologie).

2e FORME. — *Animaux Mollusques.*

Classe 5e. Les Céphalopodes.
Classe 6e. Les Ptéropodes.
Classe 7e. Les Gastéropodes.
Classe 8e. Les Acéphales.
Classe 9e. Les Branchipodes.
Classe 10e. Les Cirrhopodes.

3e FORME. — *Animaux Articulés.*

Classe 11e. Les Annélides.
Classe 12e. Les Crustacés.
Classe 13e. Les Arachnides.
Classe 14e. Les Insectes.

4e FORME. — *Animaux Rayonnés.*

Classe 15e. Les Echinodermes.
Classe 16e. Les Intestinaux.
Classe 17e. Les Acalèphes,
Classe 18e. Les Polypes.
Classe 19e. Les Infusoires.

Première Partie

DE LA FAUNE DE L'AUBE.

LES VERTÉBRÉS.

1re CLASSE. — Les Mammifères.

QUADRUPÈDES ONGUICULÉS.

1er Ordre.	Les Bimanes,	»
2e Ordre.	Les Quadrumanes,	»
3e Ordre.	Les Carnassiers,	29
4e Ordre.	Les Rongeurs,	17
5e Ordre.	Les Edentés,	»

QUADRUPÈDES ONGULÉS.

6e Ordre.	Les Pachydermes,	4
7e Ordre.	Les Ruminans,	6

BIPÈDES A NAGEOIRES.

8e Ordre.	Les Cétacés,	»
	Total,	56 espèces.

1er ORDRE. — Les Bimanes.

Genre Homo,

Qui comprend :

1°. La race blanche, ou Caucasienne.
2°. La race jaune, ou Mongolienne.
3°. La race noire, ou Ethiopienne.
4°. La race rouge, ou Américaine.
5°. La race brune, ou Hyperboréenne.

Ces quatre races ne sont ici que pour ordre.

1.

2ᵉ ORDRE. — **Les Quadrumanes.**

Cet ordre comprend les singes et autres animaux analogues. On ne les trouve ni vivants ni fossiles dans le département de l'Aube.

3ᵉ ORDRE. — **Les Carnassiers.**

1ʳᵉ FAMILLE. — *LES CHÉIROPTÈRES.*

Genre Rhinolophus.

Le Grand Fer-à-cheval. *Rhinolophus unihastatus.* (Geoff.)

Habite l'hiver les carrières souterraines, aux voûtes desquelles il se cramponne la tête en bas ; il a la singulière faculté de s'envelopper de ses ailes comme d'un manteau ; l'été on ne le rencontre plus que dans les greniers et dans les crevasses.

Il n'a été encore observé que dans l'arrondissement de Bar-sur-Seine, plus particulièrement aux Riceys. (R. R.)

Le Petit Fer-à-cheval. *Rhinolophus bihastatus.* (Geoff.)

Se rencontre dans les mêmes lieux que le précédent, mais plus rarement encore. (R. R.)

Ces deux espèces, qui diffèrent principalement par la taille, ont été ainsi nommées à cause des membranes du nez, qui imitent un fer à cheval.

Genre Vespertilio.

La Chauve-Souris Murin. *Vespertilio murinus.* (Linn.)

Cette grande espèce habite les vieux bâtiments, les crevasses des murs, des ponts, des carrières.

Elle se rencontre dans tout le département ; à

Troyes on la voit voler l'été au-dessus des fossés du rempart. (C.)

La Chauve-Souris Noctule. *Vespertilio noctula.* (Linn.)

Habite les bâtiments, et probablement aussi les arbres creux, car on la rencontre autour des vergers.

Les individus de ma collection ont été tués sur le canal, près du bois de Fouchy. On les voit voler, par petites troupes, au-dessus de l'eau. (A. R.)

La Chauve-Souris Sérotine. *Vespertilio serotinus.* (Linn.)

Habite les arbres creux, et sous les toits des édifices.

Je l'ai tuée près du bois de Fouchy; elle sort un peu plus tard que la précédente. (A. R.)

Chauve-Souris Pipistrelle. *Vespertilio pipistrellus.* (Linn.)

Habite les greniers. Son sommeil hivernal est peu profond, car on la voit voler dans l'hiver, aussitôt que le temps s'adoucit. (C. dans les villes.)

Genre Plécotus.

L'Oreillard commun. *Plecotus auritus* (Desmar.)

Cette espèce habite les arbres creux, les greniers, les clochers; l'hiver on la rencontre dans les carrières, dans les caves, où elle s'accroche la tête en bas. Le nom d'Oreillard lui vient de la longueur démesurée de ses oreilles. (C. partout.)

L'Oreillard Barbastelle. *Plecotus barbastellus.* (Desmar.)

Habite les combles des vieux édifices, les carrières; il se suspend par les pieds de derrière comme les Fers-à-cheval. (A. R.)

M. Jourdain l'indique dans son catalogue. Je n'en ai encore vu qu'un individu.

2me FAMILLE. — *LES INSECTIVORES.*

Genre Erinaceus.

Le Hérisson d'Europe. *Erinaceus Europœus.* (Linn.)

Cet animal, que l'on mange dans nos campagnes, se tient dans les bois et dans les grandes haies, où il dort pendant le jour. Quand il est inquiété, il lâche son urine, et peut se cacher sous ses piquants, en ramenant la peau de son dos sur ses flancs. Un fait à noter, et déjà connu, c'est qu'il peut se nourrir de cantharides, qui sont un poison violent. (A. C.)

Genre Sorex.

La Musaraigne Carrelet. *Sorex tetragonurus.* (Herm.)

Point dans Buffon. Son nom spécifique lui vient de sa queue qui paraît carrée, surtout quand l'animal est desséché.

Elle habite les haies dans la campagne, les bois, es garennes ; les renards la chassent, mais ne la mangent pas ; aussi en parcourant les bois en voit-on souvent de mortes sur les chemins. (C.)

La Musaraigne Porte-Rame. *Sorex Ciliatus.* (Sowe.)

Point dans Buffon. (Les sorex remifer, collaris et lineatus de Geoff. sont le même animal ; le dernier, à chanfrein blanc, est une variété.)

Elle habite le bord des fontaines et des rivières ; elle nage et plonge assez bien : pour cela elle ferme ses oreilles au moyen de Valvules. On l'a nommée ciliatus, et porte-rame, à cause des poils raides qui bordent ses doigts, et de la rangée de poils serrés qui se trouvent sous la queue, comme pour servir de gouvernail. J'ai pris les individus de ma collection le long de la Barse et de la Laignes (A. R. ou plutôt difficile à trouver.)

La Musaraigne d'eau. *Sorex fodiens.* (Pall.)

Ou sorex daubentonii de Geoffroy ; le sorex Hermanii de Duvernoy est un vieux : les sorex constrictus d'Hermann, leucodon de Geoffroy, sont des jeunes.

On la reconnaît à son pelage doux comme celui des taupes, noir en dessus, blanc en dessous ; elle n'a point de taches blanches sur les oreilles comme la précédente.

Elle habite les bords de nos ruisseaux, où elle se nourrit de crevettes et d'insectes. (R.)

Genre Crocidura.

La Musaraigne Leucode. *Crocidura leucodon.* (Wagl.)

Ou sorex leucodon d'Herm. Point dans Buffon.

Les crocidures se distinguent des musaraignes par leurs dents blanches et les longs poils dont leur queue est parsemée. (Dans les musaraignes, la pointe des dents est colorée en rouge, et tous les poils de la queue sont égaux)

La crocidure leucodon habite les tas de pierres, les vieux murs dans la campagne ; mais elle est R. R.

La Musaraigne commune. *Crocidura aranea.* (Selys L.)

Ou sorex araneus des anciens auteurs.

On la nomme ordinairement *Musette.* Elle se trouve le long des murs, des haies dans les villages, et l'hiver dans les habitations. Les chats la tuent, mais son odeur musquée les empêche de la manger. Cette odeur est sécrétée par des glandes, qu'on voit facilement sur les flancs, quand l'animal est en mue. On croit vulgairement que la musaraigne est venimeuse pour les bestiaux, qu'elle les fait enfler ; c'est à toit, car sa morsure est innocente. (C. C.)

Il est vraiment curieux de voir avec quelle fureur et quelle voracité, ce petit carnassier se jette sur de la viande, ou des mouches, quand on l'élève en cage.

Genre Talpa.

La Taupe commune. *Talpa Europœa* (Linn.)

Trop C. dans les jardins et dans les prés. On en voit quelquefois des variétés accidentelles blanches, nankin, grises. (Musée, ma collection.)

3me FAMILLE. — *LES CARNIVORES.*

§ 1er. LES PLANTIGRADES.

Genre Ursus.

L'Ours des cavernes. *Ursus spœlœus.* (Blum. et G. Cuv.)

Ses débris fossiles se rencontrent dans les graviers, ou dans les terrains d'alluvion; plusieurs dents de ce mammifère ont été trouvées dans le tuf de Resson (près Nogent-sur-Seine). Un os a encore été trouvé, près de la Barse, dans le gravier, par M. Des Etangs, qui l'a déposé au musée. (R. R.)

Genre Meles.

Le Blaireau ordinaire. *Meles vulgaris.* (Desm.)

Habite les forêts non marécageuses, et se creuse des terriers, où il reste, sans sortir, quelquefois plus de quatre jours, quand il craint le danger. On fait des pinceaux avec ses poils, et sa dépouille sert à proté·ger la croupe des chevaux de trait.

Il devient excessivement rare, même dans les contrées où il était commun il y a 25 ans, comme dans les bois de Mussy, de Fiel, d'Orient.

§ 2. LES DIGITIGRADES A ONGLES FIXES.

Genre Mustela.

La Marte. *Mustela martes.* (Linn.)

Cette belle espèce, dont la fourrure est estimée, vit solitaire dans nos plus grandes forêts. On distingue facilement cette espèce, à sa gorge jaune, de la fouine dont la gorge est blanche. (R. R.)

La Fouine. *Mustela foina.* (Linn.)

On la nomme communément *un Foin.* Elle habite les granges, les tas de bois, et fait beaucoup de tort aux éleveurs de volaille ; quand elle pénètre dans un colombier, elle emporte tout ce qu'elle a le temps de tuer. Sa peau d'hiver est recherchée. (A. C.)

Le Putois. *Mustela putorius.* (Linn.)

Son nom lui vient de la mauvaise odeur que sécrètent les glandes de l'anus.

Cet animal, redouté des fermiers, habite les garennes à proximité des villages, suce le sang des volailles, des lapins, et se contente quelquefois d'en manger la tête. (A. C.)

Le Furet. *Mustela furo.* (Linn.)

Originaire d'Afrique. On l'élève en domesticité pour la chasse du lapin de garenne. (A. R.)

L'Hermine. *Mustela erminea.* (Linn.)

Le Roselet de Buffon est l'hermine en pelage d'été.

Cette espèce, très-vorace, habite les coteaux pierreux, le chevet des vignes ; elle se rencontre dans tout le département, mais elle y est en trop petit nombre pour que nos pelletiers en fassent le commerce. Sa fourrure, que tout le monde connaît, est extrêmement belle et recherchée.

L'hermine, dont la robe est blanche en hiver, reprend en été le pelage roux de la belette, mais elle s'en distingue facilement parce qu'elle est plus grosse, et par le bout de la queue, qui est noir en tous temps. (R.)

La Belette. *Mustela vulgaris.* (Linn.)

Souvent nommée *Bacolle* dans nos environs ; sa

petitesse ne l'empêche point d'être dangereuse pour la volaille, car elle est très-carnassière. L'été, elle habite les champs.

Les chasseurs doivent la tuer sans pitié, car elle détruit les œufs de perdrix et de caille. (C.)

Genre Lutra.

La Loutre d'Europe. *Lutra vulgaris.* (Erxl.)

Habite le bord des étangs et des rivières, où elle se creuse des terriers; on sait combien elle est à redouter pour le poisson.

Sa fourrure étant très-recherchée, on lui fait bonne guerre, ce qui la rend A. R.

Genre Canis.

1re Division. LES LOUPS.

Le Loup commun. *Canis lupus.* (Linn.)

Cet animal, si redouté dans les campagnes, pour le menu bétail, se tient dans nos grands bois ou dans les contrées environnantes. Parfois on en a trouvé des portées jusqu'au milieu des emblaves de nos plaines, à Luyères par exemple.

Le loup (comme le chien, le renard) chasse à voix, c'est-à-dire qu'il poursuit sa proie en jappant, dans l'espérance qu'un autre loup, averti, pourra couper au-devant, et s'emparer du gibier. Mais trop inquiété dans nos contrées, on ne l'entend plus faire ce manége. Sa voix se fait entendre par des hurlements seulement au moment du rut. (A. C.)

Voici le nombre des loups tués depuis quelques années dans notre département, d'après les relevés faits à la préfecture sur les états tenus pour les primes à accorder :

En 1835,	80	loups, louves ou louveteaux.
En 1836,	64	id.
En 1837,	75	id.
En 1838,	76	id.
En 1839,	55	id.
En 1840,	75	id.

2ᵐᵉ Division. LES RENARDS.

Le Renard rouge. *Canis vulpes.* (Linn.)

Est multiplié dans les bois taillis, et détruit beaucoup de gibier. On sait qu'il dépose ses petits au fond d'un terrier; sa peau fait de beaux tapis de pied.

Le renard, moins craintif que le loup, se permet encore assez souvent de chasser à voix, et par de belles nuits calmes, au milieu des bois, le chasseur atardé écoute avec intérêt la chasse de cet animal. Il est probable qu'ils se réunissent plusieurs, car quelquefois la voix change, et souvent on en entend deux ensemble. (C.)

Le Renard charbonnier. *Canis alopex.* (Linn.)

Est regardé par la plupart des naturalistes comme une variété du précédent; dans ce dernier cas, est-ce une variété accidentelle ou une race constante, qui reproduit ses caractères dans ses enfants ?

Je n'ai encore vu que deux peaux de renards vrais charbonniers. Il doit avoir le bout de la queue noir, le premier l'a blanc. Je crois que nos chasseurs ne le connaissent point; ils nomment, le plus souvent, charbonnier, le renard ordinaire, qui, ayant moins d'un an, a encore la robe rembrunie du jeune âge. (R. R.)

3ᵐᵉ Division. LES CHIENS DOMESTIQUES.

Le Chien domestique. *Canis familiaris.* (Linn.)

On ne connaît point la souche sauvage de cet animal, répandu partout où l'homme habite : par conséquent on ignore sa patrie. Il manque de caractère spécifique qui puisse s'appliquer à toutes ses races, que la domesticité modifie tous les jours à l'infini.

Les chasseurs savent qu'un braque ou un épagneul ne doivent pas avoir de noir sur le pelage, et ils rejettent, comme mâtiné, tout chien d'arrêt taché de noir, ou dont le palais est noir.

Le pointer, sous-race nouvellement obtenue par le croisement, fait exception à cette règle applicable aux chiens d'arrêt.

Les animaux de ce genre n'ont point de vaisseaux sudorifères, la sueur est sécrétée par la langue. C'est ce qui explique comment un chien, après une longue course, peut sans danger se mettre dans l'eau ; ce qui serait souvent mortel pour un cheval.

RACES PRINCIPALES, OU VARIÉTÉS CONSTANTES :

Le Chien de berger. *Canis f. domesticus.* (Linn.)
Le Chien Mâtin. *Canis f. laniarius.* (Linn.)
Le Chien Dogue. *Canis f. molossus.* (Linn.)
    Sous-race : le Doguin.
Le Chien Danois. *Canis f. danicus.* (Desm.)
Le Chien Levrier. *Canis f. grajus.* (Linn.)
    Sous-race : le Levron-d'Italie.
Le Chien Epagneul. *Canis f. extrarius.* (Linn.)
    Sous-race : le Gredin.
    —   le Bichon.
    —   le Chien-Lion.
Le Chien Braque. *Canis f. avicularius.* (Linn.)
Le Chien Barbet. (Caniche) *Canis f. aquaticus.* (Linn.)
Le Chien Courant. *Canis f. gallicus.* (Linn.)
Le Chien Basset. *Canis f. vertagus.* (Linn.)
    Sous-race : le Basset à jambes torses.
Le Chien Turc. *Canis f. ægyptiacus.* (Linn.)
Le Chien de Terre-Neuve. *Canis f. palmatus.* (....?)

De ces douze races principales, on a obtenu par le croisement toutes les variétés, plus ou moins constantes, que nous connaissons ; ainsi, du levrier, croisé avec l'épagneul ou le braque, les Anglais ont obtenu le pointer, ou chien anglais, estimé des chasseurs au chien d'arrêt. Tel est encore le griffon, variété qui provient du barbet croisé avec tel autre chien, dont on désire qu'il tienne.

§ 3. Les Digitigrades a ongles rétractiles.

Genre Felis.

Le Chat Sauvage. *Felis catus.* (Linn.)

VARIÉTÉS CONSTANTES :

Le Chat domestique. *Felis catus domesticus.* (Linn.)
Le Chat d'Angora. *Felis catus angorensis.* (Linn.)

Le Chat sauvage, souche de notre chat privé, vit isolé dans nos grandes forêts de Chaource, d'Orient. Il se retire dans des terriers, dans de vieux troncs creux. Sa belle fourrure est recherchée. (R.)

Le chat domestique est le plus souvent gris tigré ; quelquefois il a le poil gris ardoisé, c'est la variété dite des chartreux ; quand il a le pelage tricolore, c'est le chat d'Espagne. On ne voit guère que les femelles de cette dernière variété, ce qui indique qu'elle est bien peu stable.

(= Une 4ᵐᵉ famille (les carnivores amphibies) comprend les Phoques et autres animaux analogues, qui habitent les plages de l'Océan.)

4ᵉ ORDRE. — **Les Rongeurs.**

1ʳᵉ FAMILLE. — *LES CLAVICULÉS.*

Genre Sciurus.

L'Ecureuil ordinaire. *Sciurus vulgaris.* (Linn.)

Ce joli animal, que l'on élève souvent en domesticité à cause de sa gentillesse, vit dans nos forêts, et se construit un nid de feuilles à l'extrémité d'une branche de chêne. Un effet assez singulier et que doivent connaître ceux qui l'élèvent, c'est qu'une ou deux amandes amères contiennent assez d'acide prussique pour le tuer. (A. C. à Bouilly, Bar-sur-Seine, etc.)

Genre Mus.

Le Surmulot. *Mus decumanus.* (Pall.)

Cette espèce, qui a établi son quartier général à l'abattoir de Montfaucon, près Paris, a été introduite en France, en 1750, par des vaisseaux de l'Inde. Elle commence à se multiplier dans notre département. On la distinguera de la suivante, qui est noire, par son pelage gris roux, et par sa taille plus forte.

Je l'ai observée à Troyes, sur les remparts de la porte de la Tannerie, etc. (A. C.)

Le Rat commun. *Mus rattus.* (Linn.)

Bien connu de tout le monde, pour son incommode voracité. Il habite les greniers, les caves. Partout où le précédent s'établit, il détruit le rat commun. (C. C.)

Le Mulot. *Mus sylvaticus.* (Linn.)

Habite les champs, les haies, où il se creuse des terriers pour y amasser ses provisions ; dans certaines années il cause beaucoup de dégât aux récoltes. Il ronge aussi l'écorce des arbres. On le confond vulgairement avec le campagnol, mais celui-ci a la queue très-courte, et le mulot a la queue aussi longue que le corps. (C. C.)

La Souris. *Mus musculus.* (Linn.)

Variété constante : la Souris blanche.

Ce commensal incommode de nos habitations n'est que trop commun, surtout dans les granges. Aux Riceys, plusieurs fois, j'en ai vu une variété à ventre rosé.

Je n'ai jamais rencontré la race blanche à l'état sauvage.

Le Rat des moissons. *Mus minutus.* (Pall.)

Mus messorius. (Schaw) *Mus campestris.* (f. Cuvi.) *Mus soricinus et pendulinus.* (Herm.) M. de Selys Longchamps vient de vérifier que ces cinq noms avaient été donnés à cette espèce, trouvée par Pallas en Russie, par Schaw en Angleterre, par F. Cuvier à Paris, et par Hermann à Strasbourg.

Ce joli petit rongeur, inconnu à Buffon, construit un nid à la manière des roitelets, et le suspend dans les emblaves. Un ami, qui prend intérêt à ma collection, m'a envoyé, des environs de Nogent, cette espèce nouvellement découverte en France. (R. R.)

Genre Myoxus.

Le Loir. *Myoxus glis*. (Gmel.)

Ce petit animal habite le creux des arbres, dans les forêts, les parcs ; il s'engraisse à l'automne pour s'engourdir l'hiver. C'était un mets recherché des Romains. (A. R.)

Je l'ai observé dans les bois de Riceys, de Vendeuvre, etc.

Le Lérot. *Myoxus nitela*. (Gmel.)

Est connu généralement sous le nom de *Loir*. Cependant le lérot est bien reconnaissable à la tache noire qu'il porte sur l'œil et sur l'oreille, et à sa queue touffue seulement à l'extrémité ; tandis que le loir manque de balafre noire et a la queue touffue comme celle de l'écureuil.

Il fait beaucoup de dégât aux fruits des espaliers, et s'engourdit l'hiver dans les trous des arbres et les crevasses des murs. (C.)

Il se trouve dans les jardins autour de Troyes, etc.

Le Muscardin. *Myoxus Muscardinus*. (Gmel.)

Ce charmant rongeur habite les forêts où dominent les hêtres ou les coudriers, dont il recherche les fruits ; il construit, avec la mousse, sur le tronc d'un arbre, un nid de forme sphérique et percé d'un seul trou. (R.)

Genre Arvicola.

Le Rat d'eau. *Arvicola amphibius*. (Desm.)

Vit le long des rivières, des ruisseaux, dans des trous. Il fait la guerre à l'alevin. Quelques personnes mangent sa chair, qui ressemble, dit-on, à celle du lapin. (C. C.)

Le Campagnol ordinaire. *Arvicola vulgaris.* (Desm.)

On le nomme communément *Souris des champs.* C'est le fléau des céréales, quand l'hiver n'a pas été pluvieux.

Il vit en compagnie, et se creuse des trous pour amasser ses provisions d'hiver. (C. C.)

Le Campagnol des prés. *Arvicola subterraneus.* (De Selys.)

Ou *Lemmus pratensis.* (Baill.) N'est pas indiqué dans Buffon.

Je ne connais pas précisément la localité qu'habite cette espèce : un individu est au musée, un autre dans ma collection ; je crois me rappeler que celui que je possède m'a été donné par un jardinier de St.-André. Ce petit animal, fossoyeur comme ses congénères, vit sous terre, à la manière des taupes, dans les prairies humides, les jardins potagers, et se nourrit de racines. (R. R.)

Le Campagnol roussâtre. *Arvicola rubidus* (de Selys.)

N'est pas décrit dans Buffon.

Il habite les champs autour des bois humides ; je ne connais pas encore parfaitement cette espèce qui se trouve dans plusieurs départements limitrophes.

Genre Castor.

Le Castor. *Castor fiber.* (Linn.)

Une mâchoire fossile de cet animal a été trouvée dans le tuf à Resson. M. Gérost, de Villenauxe, qui la possédait, en a fait don au Musée de Troyes.

Le castor pouvait bien exister le long de la Seine, puisqu'on en trouve encore le long du Rhône, où il se creuse des terriers. (R. R.)

2me FAMILLE. — *LES NON-CLAVICULÉS.*

Genre Lepus.

Le Lièvre. *Lepus timidus.* (Linn.)

On a dit que c'est sur l'*Hase* que l'on peut examiner les mystères de la superfétation. (?) D'après les lois de Moïse et de Mahomet, la chair du lièvre était défendue aux Juifs et aux Mahometans, probablement comme trop excitante pour des pays chauds. (C. C.)

Combien le lièvre serait multiplié dans nos campagnes, si les levriers ne le détruisaient pas si facilement ! Il est a désirer que l'autorité supérieure s'occupe bientôt de la conservation du gibier, avec la sollicitude qu'elle a montrée en 1831, pour prohiber les moyens trop destructeurs de la pêche fluviale.

Le Lapin sauvage. *Lepus cuniculus*. (Linn.)

Variétés constantes : le Lapin Clapier ou Domest.
— le Lapin d'Angora.

Originaire d'Afrique ou d'Espagne, cet animal est répandu en France depuis un temps immémorial. Par sa turbulence nocturne, il inquiète tellement les lièvres, que ceux-ci abandonnent les contrées où il a établi ses terriers. Il est la souche de notre lapin domestique, dont la couleur et la grosseur varient beaucoup. Celui-ci ressemble parfois au sauvage, d'autres fois il est argenté ; il est encore ou blanc, ou noir. On le distinguera toujours du lapin de garenne par ses grandes oreilles. (C. C.)

Genre Cavia.

Le Cobaye Cochon-d'Inde. *Cavia cobaya*. (Gmel.)

Originaire du Brésil ; on s'amuse à l'élever à l'état domestique, dans la confiance qu'il chasse les rats. On dit que sa chair est bonne. Sa couleur varie beaucoup, comme celle de tous les animaux domestiques. (R.)

5e ORDRE. — **Les Edentés.**

Cet ordre renferme le paresseux, le fourmilier,

l'ornithorynque, etc. On ne les trouve ni vivants ni fossiles dans le département de l'Aube : ces animaux sont d'Amérique.

6° ORDRE. — **Les Pachydermes.**

1re FAMILLE. — *LES PROBOSCIDIENS.*

Genre Elephas.

L'Eléphant fossile. *Elephas primogenius.* (Blum. et G. Cuv.)

Le baron Cuvier, qui, par son génie, a su recréer ces gigantesques mammifères et ces immenses reptiles ailés qui gisent dans les carrières de la France, pensait que ces monstres étaient organisés pour vivre sous notre ciel froid et humide. Ce qui corrobore l'idée du grand maître, c'est qu'en 1771, on trouva dans les glaces de la Sibérie un rhinoceros *tichorinus* (G. Cuv.) rhinoceros *pallasis* (Desm.) dont le cadavre avait conservé la chair recouverte de sa toison. Les débris fossiles de cette espèce se trouvent en France. En 1790, on découvrit en Sibérie un mammouth (notre éléphant fossile) ayant encore sa peau recouverte d'une fourrure très-épaisse, qui formait sur le cou une sorte de crinière. Ces deux animaux, dont les analogues, ayant la peau nue, vivent sous des climats brûlants, pouvaient bien exister sur notre sol, puisque leur fourrure devait les protéger contre les intempéries.

En effet, cette espèce anti-diluvienne gît dans notre département; on en a trouvé des dents, dont quelques-unes sont énormes, dans le tuf à Resson, dans le terrain d'alluvion à Ervy, à Villebertin, à Isle-Aumont, et dans les grèves d'autres localités. Dans la Voire, près de Longeville, on a rencontré une extrémité inférieure de tibia monstrueux, ayant appartenu à cette espèce. Cuvier, dans son ouvrage sur les ossements fossiles, cite une machelière d'éléphant provenant de Villebertin. (R. R.) (Musée de Troyes.)

2ᵉ FAMILLE. — *LES VRAIS PACHYDERMES.*

Genre Sus.

Le Sanglier. *Sus scrofa.* (Linn.)

Variétés constantes : le Cochon domestique, ou à grandes oreilles.

— le Cochon de Siam, ou Tonquin.

On le trouve constamment dans nos grandes forêts de Chaource, d'Othe, de l'Orient et de Clairvaux, et de séjour irrégulier dans les autres bois; il sort souvent la nuit pour ravager les récoltes. Bien des chasseurs ont éprouvé combien ses défenses sont cruelles, quant il se sent blessé.

Les fermiers lâchent à certaines époques leurs porcs dans le bois, et quelquefois il arrive que les sangliers viennent se faire tuer jusque dans la cour, en poursuivant des truies en chaleur. Ce fait se renouvelle tous les ans dans une ferme près de Lantages. (A. C.)

Je possède divers ossements fossiles de sanglier, trouvés sur les bords de la Laignes; il est bien probable, vu la formation récente du terrain, qui était un petit ban de tourbe, que l'espèce était celle actuelle.

Le sanglier est la souche de notre cochon domestique.

On dit que notre département est tributaire de celui de la Marne pour la consommation des porcs qui lui sont nécessaires.

Le département de l'Aube en possède	38,966.
Celui de la Côte-d'Or,	70,877.
Celui de la Marne,	70,397.
Et celui de Seine-et-Marne (*),	22,293.

(*) Comme objet de comparaison, j'ai choisi, parmi les dé-

3e FAMILLE. — *LES SOLIPÈDES.*

Genre Equus.

Le Cheval domestique. *Equus caballus.* (Linn.)

L'espèce est originaire de la Tartarie ; elle ne se trouve plus nulle part maintenant à l'état sauvage.

Races princ. :	Arabe.	*Equus c. Arabicus.*
—	Anglaise.	*Equus c. Anglicus.*
—	Hanovrienne	*Equus c. Hanoverianus*
—	Frisone.	*Equus c. Frisius.*
—	Andalouse.	*Equus c. Andalusius.*
—	Normande.	*Equus c. Normanus.*
—	Limousine.	*Equus c. Lemovicensis.*
—	Suisse.	*Equus c. Helveticus.*
—	Italienne.	*Equus c. Italicus.*
—	Corse.	*Equus c. Corsicus.*

Des dents et des os fossiles appartenant à ce solipède, ont été trouvés dans les graviers de diverses localités : aux Hauts-Clos, commune de Troyes, et à St.-Julien.

Le nombre de chevaux s'élève dans le département de l'Aube,   à   36,439.
Dans celui de la Marne,   à   55,567.
Et dans celui de l'Yonne, à   28,163.

L'Ane domestique. *Equus asinus* (Linn.)

L'âne sauvage habite encore en grandes troupes les déserts de la Tartarie.

On sait qu'on nomme *Bardeau,* le produit infécond d'un cheval et d'une ânesse, et *Mulet,* le résultat de l'alliance d'un âne avec une jument.

---

partements limitrophes, celui qui donne le chiffre le plus élevé et celui qui donne le moindre. Ces chiffres, ainsi que ceux indiqués pour les autres animaux domestiques, sont extraits de la statistique de la France, publiée par le ministre de l'agriculture et du commerce, en 1840.

Notre département emploie   3,151 ânes.
    celui de Seine-et-Marne,   14,511   id.
    et la Haute-Marne, seulement   540   id.

On compte dans le départ. de l'Aube, 578 mulets,
    dans le département de l'Yonne, 3,787   id.
    et dans la H^{te}-Marne, seulement   50   id.

7ᵉ ORDRE. — **Les Ruminants.**

1ʳᵉ FAMILLE. — *A CORNES CADUQUES ET PLEINES.*
Genre Cervus.

Le Cerf. *Cervus elaphus.* (Linn.)

On le trouve encore sédentaire dans nos grandes forêts de l'Orient et de Clairvaux, où à certaines époques il se réunit en hordes. Il devient rare depuis 1830. On apporte parfois aux couteliers les bois dont sa tête se défait annuellement, et que les gardes rencontrent dans leurs tournées. (R.)

Dans le gravier d'Isle-Aumont, et dans le tuf de Resson, on a trouvé des bois fossiles de cerf, dont l'espèce n'est pas déterminée.

Le Daim. *Cervus dama.* (Linn.)

Suivant Cuvier, il est originaire de Barbarie, d'où on l'a répandu en Europe.

Il ne se trouve point dans nos forêts, seulement on le voit parfois dans quelques grands parcs, où on le met comme ornement. (R. R.)

Le Chevreuil. *Cervus capreolus.* (Linn.)

De même que la gazelle, qui est souvent nommée dans la poésie arabe, ce gracieux animal peut être regardé comme le symbole de l'amour conjugal ; il affectionne les taillis montueux, les lisières des bois, où il vit par couples. Sa chair est estimée, sa fourrure l'est peu. La sève des jeunes pousses du bouleau l'enivre parfois complètement au mois d'avril. On sait que, de même que le cerf, il perd son bois tous les ans. (A. C.)

Quelques auteurs affirment avoir vu des biches et des chevrettes avec des cornes ; je citerai aussi un exemple de cet anomalie : il y a quelques années, M. de Larquelay, des Riceys, tua, au mois de mai, un chevreuil portant deux petites cornes, longues comme le doigt et encore garnies du poil (ou mousse) qui les recouvre à l'époque annuelle où elles se reproduisent. Mais grand fut l'étonnement des chasseurs, quand en faisant la curée, ils s'aperçurent que c'était une chevrette, qui portait deux chevrillards.

2º FAMILLE. — A CORNES PERSISTANTES ET CREUSES.

Genre Bos.

Le Bœuf domestique. *Bos taurus*. (Linn.)

Le type sauvage de cette espèce est détruit ; il habitait les forêts d'Europe.

Nous en avons plusieurs races, dont une *sans cornes*.

Le nombre de têtes de la race bovine s'élève, dans l'Aube, à 83,618. La Côte-d'Or, à 144,176. Seine-et-Marne, à 83,051. Dans ces chiffres sont compris les veaux.

Des dents et des os de bœuf anti-diluvien gisent dans les graviers et les terrains d'alluvion de notre territoire ; on rencontre de ces débris fossiles notamment dans le gravier d'Isle-Aumont et dans le tuf de Resson ; l'espèce n'en est pas encore déterminée avec certitude.

Genre Capra.

La Chèvre domestique. *Capra ægagrus*. (Pall.)

Variétés constantes : la Chèvre sans cornes ou d'Espagne. *Capra æ. acera.*

— la Chèvre du Thibet. *Capra æ. thibetana.*

— la Chèvre de Cachemire. *Capra æ. lanigera.*

Notre département possède   2,003 chèvres.
La Haute-Marne,   4,830   —
Et Seine-et-Marne,   1,519   —

Notre chèvre domestique descend du *Paseng* ou chèvre sauvage, qui habite les montagnes d'Asie.

L'industrie n'a pas encore essayé en grand l'acclimatement des chèvres du Thibet, ni de celles de Cachemire.

Genre Ovis.

Le Mouton domestique. *Ovis aries.* (Desm.)

Variétés constantes : le Mérinos d'Espagne. *Ovis a. Hispanica.*

— le Mouton d'Angleterre. *Ovis a. Anglica.*

Le mouton domestique provient du *Mouflon* ou mouton sauvage, qui habite les montagnes élevées de Corse, de Grèce, etc.

Le nombre d'individus de la race ovine s'élève,
dans l'Aube,   à   327,836.
Seine-et-Marne,   à   749,250.
La Haute-Marne,   à   238,055.

Dans ces chiffres sont compris les agneaux.

8ᵉ ET DERNIER ORDRE. — **Les Cétacés.**

Il n'existe point de cétacés vivants dans le département de l'Aube, car ces animaux, comme les dauphins, les cachalots, les baleines, habitent les mers.

Nous n'avons pas encore vu de débris fossiles

d'animaux de cet ordre rencontrés sur notre territoire ; cependant M. Leymerie, dans un mémoire présenté à la Société d'Agriculture, cite une côte de baleine trouvée près d'Ervy.

2ᵉ CLASSE. — **Les Oiseaux.**

1ᵉʳ Ordre. . .	Les Rapaces. . .	24
2ᵉ Ordre. . .	Les Grimpeurs. .	18
3ᵉ Ordre. . .	Les Passereaux. .	95
4ᵉ Ordre. . .	Les Gallinacées. .	16
5ᵉ Ordre. . .	Les Échassiers. .	49
6ᵉ Ordre. . .	Les Palmipèdes .	40

Total. . . . . . 242 espèces.

Non compris les variétés constantes, non plus que les quinze races de pigeons et de coqs domestiques.

Il en niche environ 130 espèces dans notre département.

1ᵉʳ ORDRE. — **Les Rapaces.**

1ʳᵉ FAMILLE. — *LES DIURNES.*

Genre Falco.

1ʳᵉ *Section.* LES FAUCONS.

Le Faucon Pélerin. *Falco peregrinus.* (Linn.)

Les jeunes sont décrits dans Buffon sous les noms de faucon sors et de faucon passager.

Cette espèce était une de celles que l'on dressait pour la chasse au faucon, à cause de la hardiesse et de l'adresse que montre cet oiseau pour fondre, à tire-d'aile, sur des animaux même plus gros que lui.

Il niche dans les contrées montueuses de l'Europe,

et ne se montre que très-accidentellement dans notre département. Outre la femelle que je possède, j'en ai vu deux individus chez les préparateurs de de Troyes. (R. R.) (A. P.)

Le Faucon Hobereau. *Falco Subbuteo.* (Lath.)

Habite la lisière des bois, et nous quitte au mois de septembre pour des contrées plus méridionales. Combien de chasseurs, étonnés, ont vu cet oiseau venir enlever, malgré le chien, un perdreau abattu, souvent même avant qu'il fût tombé à terre! (A. R.) (N.) (E. A.)

Le Faucon Cresserelle. *Falco Tinnunculus.* (Linn.)

Bien connu, mais à tort, sous le nom d'*Emerillon*. Il habite les églises, les trous des murs élevés, et moins souvent les bois. Il niche tous les ans, en quantité, dans les trous d'échafaudage de la cathédrale de Troyes, où soir et matin il fait entendre son cri fatigant, que l'on a comparé au moulinet de bois appelé crecelle. (C. C.) (N.) (◉.)

Le Faucon Emerillon. *Falco Æsalon.* (Tem.)

Buffon a fait du vieux mâle une espèce sous le nom de *Rochier*.

Niche dans le nord, et n'a pas un passage régulier dans nos contrées. C'est le plus petit de nos oiseaux de proie. (R.) (H.)

2e *Section.* **Les Aigles.**

L'Aigle Royal. *Falco Fulvus.* (Lin.)

Buffon a fait du jeune une seconde espèce, sous le nom d'aigle commun.

Cet oiseau, si souvent employé en poésie et dans le blason, comme emblême du courage et du génie, n'est que de passage très-accidentel dans nos contrées. Depuis quinze ans on pourrait citer à peine huit captures. (R. R.) (A. H.)

L'Aigle Balbuzard. *Falco Haliætus.* (Linn.)

La disposition naturelle de ses serres lui permet de saisir facilement le poisson, dont il se nourrit. Cet oiseau offre un caractère distinctif qui ne se voit que chez lui : ses ongles sont ronds et non creusés en gouttière comme chez les autres rapaces. Il habite les bois voisins des rivières et des grands étangs, dans l'arrondissement de Bar-sur-Seine, et il émigre l'hiver. (R.) (N.) (P. E. A.)

L'Aigle Botté. *Falco Pennatus.* (Linn.)

Ni décrit ni figuré dans Buffon. L'épithète de Botté lui vient de ses pieds emplumés.

Cette jolie espèce du Midi, dont on peut compter les captures faites en France, a été une seule fois rencontrée dans notre département. M. Gabiot, médecin, a fait don au Musée d'un individu tué à Bar sur-Seine, en octobre 1838. (R.R.)

L'Aigle Pigargue. *Falco Albicilla.* (Lath.)

Buffon a décrit le jeune sous le nom d'Orfraie, et le vieux sous le nom de Pigargue.

M. Jourdain cite une capture de cet oiseau faite à Nogent-sur-Seine, bien qu'il n'habite que les côtes maritimes. (R. R.) (H.)

(Nous n'avons pu nous procurer aucun renseignement sur l'aigle Jean-le-Blanc, *Falco Brachydactylus* (Wolf.), autrefois commun en France, suivant les anciens naturalistes).

3e *Section.* LES AUTOURS.

L'Autour. *Falco Palumbarius.* (Linn.)

L'autour sors de Buffon est le jeune âge de cette espèce. Dans la fauconnerie, c'était un oiseau de bas vol. Dans notre pays, on ne tue le plus souvent que des jeunes ; cependant il en niche quelquefois. Les échantillons que je possède ont été tués à Ricey, dans le mois de juillet. (R.) (N.) (E. A.)

L'Epervier. *Falco Nisus.* (Linn.)

Connu sous le triple nom vulgaire d'Emouchet, Chasse-Pigeon, Tiercelet. Ce dernier nom s'applique plutôt au mâle, d'un tiers plus petit que la femelle.

Il habite les bois à proximité des champs. On a vu des alouettes, poursuivies par cet oiseau, venir chercher un réfuge jusque dans les mains des laboureurs. Il poursuit sa proie avec tant d'ardeur, qu'il se fait prendre quelquefois dans les nappes d'alouettes. (C.) (N.) (⦿.)

4e *Section.* LES MILANS.

Le Milan Royal. *Falco Milvus.* (Linn.)

Cet oiseau, reconnaissable de loin à sa queue fourchue, a sans doute été remarqué par les chasseurs, pour les cercles gracieux que décrit son vol élégant. Il niche dans les bois de Vandeuvre, Lusigny, Estissac; il nous quitte à l'automne. (A. C.) (N. !) (P. E. A.)

5e *Section.* LES BUSES.

La Buse commune. *Falco buteo.* (Linn.)

Cette espèce, de passage fréquent à l'automne, se tient dans nos bois à proximité des champs et y niche tous les ans. Le plumage de cet oiseau est des plus variables, et se mêle de blanc avec l'âge; alors il constitue la *Buse changeante,* dont on a voulu, à tort, faire une espèce.

On pourra facilement distinguer la buse, par les *poils* qui se trouvent garnir le lorum, de la bondrée chez laquelle ce même espace, entre le bec et l'œil, est garni de petites plumes imbriquées. On voit la buse, quand elle est repue, rester une journée entière à la même place. Aussi passe-t-elle pour l'emblème de la stupidité. (C.) (N.) (⦿.)

La Buse bondrée. *Falco apivorus.* (Linn.)

C'est à l'automne qu'a lieu le passage de cette

espèce. Quelques couples nichent cependant dans nos bois, car je possède une femelle tuée sur son nid dans les bois de Lusigny. (A. R.) (N. !) (E. A.)

La Buse pattue. *Falco lagopus.* (Linn.)

Point dans Buffon. On l'a nommée Pattue à cause des petites plumes qui recouvrent ses pieds.

Du nord de l'Europe, elle est de passage accidentel dans nos climats, pendant l'automne qui précède les forts hivers. Je n'ai encore pu me la procurer. Il en est venu en 1829. (?)

6ᵉ *Section.* LES BUSARDS.

Le Busard des marais. *Falco rufus.* (Linn.)

La Harpaye, de Buffon, est l'adulte de cette espèce. Il habite les étangs boisés, les vastes marais du département, où il chasse les grenouilles et les oiseaux aquatiques. Il émigre l'hiver. (A. C. à l'automne.) (N.) (P. E. A.)

Le Busard Sᵗ-Martin. *Falco cyaneus.* (Monta.)

La femelle se trouve décrite dans Buffon sous le nom de Soubuse.

De passage dans nos climats à la Saint-Martin (d'où son nom). On le voit alors raser nos grandes plaines, et le mâle se reconnait de loin à son plumage gris de ciel, à ses ailes noires et à son croupion toujours blanc, même quand il est jeune. (R.) (A.)

Le Busard montagu. *Falco cineraceus.* (Monta.)

Cet oiseau, inconnu de Buffon, est accidentellement de passage. J'en possède un individu tué auprès de Montgueux pendant l'automne. (R. R.) (A.)

2ᵉ FAMILLE. — *LES NOCTURNES.*
Genre Strix.
1ʳᵉ *Section.* LES CHOUETTES OU SANS AIGRETTES.

La Chouette hulotte. *Strix aluco.* (Mey.)

Buffon a fait de la femelle une deuxième espèce, sous le nom de Chat-huant.

Elle habite au fond de nos grandes forêts. Son cri, qui imite celui d'un homme égaré, a trompé souvent bien des personnes. Je me suis procuré ses œufs dans la forêt de Chaource.

Elle nous quitte en septembre. (A. R.) (N.) (P. E.)

La Chouette effraie. *Strix flammea.* (Linn.)

Elle habite et niche dans les combles des églises, des bâtiments. C'est en imitant le cri de cet oiseau, que les oiseleurs à la pipée attirent si bien les geais et les petits oiseaux.

On la regarde comme un oiseau de mauvais augure : aussi a-t-on l'habitude de la clouer vivante sur les portes cochères. C'est ainsi qu'on reconnaît les services signalés qu'elle rend à l'agriculture en détruisant les mulots et les souris : on devrait, au contraire, lui donner un gîte dans les granges. (C.) (N.) (◉.)

La Chouette chevêche. *Strix passerina.* (Gmel.)

Les oiseleurs s'en servent pour attirer les petits oiseaux. Elle habite les arbres creux, les masures abandonnées. J'ai parfois trouvé son nid dans de vieux saules. (A. C.) (N.) (P. E.)

2e *Section.* LES HIBOUS OU A AIGRETTES.

Le Hibou grand-duc. *Strix bubo.* (Linn.)

Est le plus grand de nos oiseaux de nuit, dont l'aspect est si désagréable pour tout le monde. Suivant des renseignements que l'on m'a fournis, cet oiseau se trouverait de passage deux fois par an dans les bois de Clairvaux et de Verpillières. (R. R.) (A. P.)

Le grand-duc niche dans la Haute-Marne, dans les rochers entre Andelot et Morteau.

Le Hibou brachiotte. *Strix brachyotos.* (Lath.)

C'est la Chouette de Buffon : *Strix ulula*. (Gmel.)

Cette espèce, qui niche dans le Nord, opère son passage régulièrement au mois de septembre ; elle se tient à terre dans les broussailles, les emblaves. Les aigrettes se voient peu distinctement sur l'oiseau mort : c'est ce qui fait que Gmelin l'a rangé parmi les chouettes ; mais quand il est vivant, on les remarque mieux. (C. C.) (A.)

Le Hibou moyen-duc. *Strix otus*. (Linn.)

Habite et niche dans nos bois. Ce qui devrait le protéger, c'est qu'il détruit, ainsi que ses congenères, beaucoup de campagnols. Tous n'émigrent pas l'hiver. Cet oiseau nocturne était, dans la fable, l'emblème de la prudence et de la sagesse : aussi est-il l'un des attributs de Minerve. (A. C.) (N.) (◉.)

Le Hibou petit-duc. *Strix scops*. (Linn.)

Ce joli petit hibou n'est pas plus gros qu'une grive : M. Jourdain l'indique dans son catalogue. Mes recherches, pour me procurer quelques observations sur cet oiseau des Vosges, ont toujours été infructueuses. Cependant plusieurs chasseurs m'ont assuré que, tous les étés, il en venait nicher dans nos bois. (R. R.) (N. ?) (E.)

2ᵉ ORDRE. — **Les Grimpeurs.**

1ʳᵉ FAMILLE. — *A DEUX DOIGTS DERRIÈRE. (Zygodactyles.)*

(C'est ici que se trouvent placés les Perroquets, les Perruches et autres genres voisins, dont plusieurs espèces sont élevées en domesticité. Ces oiseaux sont originaires d'Afrique, d'Amérique.)

Genre Picus.

Le Pic noir. *Picus martius*. (Linn.)

Je ne connais qu'une seule capture de cet oiseau, qui habite les forêts du Nord.

Tous les pics (comme le Torcol) sont caractérisés

par une longue langue visqueuse qu'ils peuvent al-
longer à volonté, et qui leur sert à s'emparer des
insectes.

Le Pic cendré. *Picus canus.* (Gmel.)

Plusieurs auteurs, Buffon, par exemple, ne parlent point de ce pic, qui a été souvent confondu
avec le pic vert : il en diffère surtout par ses joues
et son cou, qui sont cendrés.

Cet oiseau habite particulièrement les forêts d'Allemagne. Je l'ai tué plusieurs fois dans nos bois, et
je le possède sous divers plumages. (A. R.) (N. ?) (⊙.)

Le Pic vert. *Picus viridis.* (Linn.)

Les pics grimpent continuellement le long des
arbres, et sont servis en cela par les pennes de la
queue, qui sont très-raides.

Celui-ci habite tous nos bois, et niche dans les
trous des arbres. On en voit moins l'hiver. (C.)
(N.) (⊙.)

Le Pic épeiche. *Picus major.* (Linn.)

On le reconnaît à son plumage noir varié de blanc,
et à sa nuque rouge.

Cet oiseau est connu des bûcherons sous les noms
de *Toc-bois*, *Pic-bois*. Il se trouve dans les bois, les
vergers, etc. (C.) (N.) (⊙.)

Le Pic mar. *Picus medius.* (Linn.)

On le trouve dans les grandes forêts de chênes de
la France; mais je ne l'ai pas encore rencontré.

Le Pic épeichette. *Picus minor.* (Linn.)

Ce joli petit grimpeur habite les hautes futaies,
les vieux parcs.

Malgré la petitesse de ce pic, son bec, en forme
de coin, comme dans les autres, lui sert à enlever
l'écorce, sous laquelle il cherche les insectes, et à
creuser les arbres pour y nicher. (R.) (N.) (⊙.)

Genre Cuculus.

Le Coucou gris. *Cuculus canorus.* (Linn.)

Le coucou roux de quelques auteurs est le jeune d'un an.

Il habite les bois, les plantations qui bordent les prairies. On sait que cette espèce fait couver par les fauvettes ses œufs, qui sont très-petits. La femelle les transporte dans son gosier, et n'en met qu'un ou deux dans chaque nid, sans manger les œufs qui s'y trouvent, comme on l'a prétendu. Les uns disent que c'est la structure du sternum qui l'empêche de couver; d'autres, que continuellement à la chasse des chenilles velues dont il fait sa principale nourriture, et qui aiguisent sans cesse son appétit, il ne peut vaquer à l'incubation; d'autres encore, que cet oiseau pondant ses œufs à plusieurs jours d'intervalle, le premier serait gâté avant la ponte du dernier. Une autre version accuse le mâle de manger les œufs des oiseaux et même les siens; c'est pourquoi la femelle les cacherait.

Toutes ces opinions sont plus ou moins fausses. Il paraît que le véritable motif est que cet oiseau est polygame, mais à l'inverse de quelques autres oiseaux, c'est-à-dire que les femelles sont fort rares, et que, forcées de satisfaire plusieurs mâles qui les poursuivent sans cesse, il leur est impossible de construire un nid. Le phrénologiste Gall prétend que le crâne du coucou indique la haine de la progéniture; cependant, en observant les mœurs de cet oiseau, on voit que si la femelle est forcée d'abandonner ses œufs, elle ne laisse pas néanmoins de les surveiller en visitant les nids auxquels elle les a confiés. (A. C.) (N.) (E.)

Genre Yunx.

Le Torcol. *Yunx torquilla.* (Linn.)

Nos chasseurs nomment cet oiseau Ortolan, sans doute parce qu'il est très-gras à l'automne. (Voyez, pour ce dernier, le genre *Emberiza*, Bruant. Quand on le tient dans la main, et même quand il est perché, il a la singulière habitude de renverser la tête sur son dos, et de tordre le cou en différents sens, d'où son nom.

Il se trouve l'été dans les bois, les plantations. J'ai plusieurs fois trouvé son nid dans des trous d'arbres. Il ne grimpe pas, bien qu'il ait les pieds des grimpeurs. (A. C.) (N.) (E.)

2e **FAMILLE.** — *A UN DOIGT DERRIÈRE*. (*Anisodactyles.*)

Genre Sitta.

La Sitelle torchepot. *Sitta europœa.* (Linn.)

Le sobriquet de Torchepot lui vient de ce qu'elle diminue avec de la boue l'entrée des trous d'arbres où elle fait son nid. Elle se trouve sédentaire dans nos grands bois. Cet oiseau sait fort bien assujettir les noisettes entre l'écorce des vieux arbres, pour les percer de son bec et en retirer l'amande, dont il est très-avide. (A. C.) N. (⚫.)

Genre Certhia.

Le Grimpereau familier. *Certhia familiaris.* (Linn.)

On le nomme vulgairement *Gravichat*. Il vit dans les bois, les vergers, et niche dans les arbres creux. On le voit souvent grimper sur les arbres des promenades de Troyes, en poussant le petit cri aigu qui lui est propre. (C. C.) (N.) (⚫.)

Genre Tichodroma.

Le Tichodrome des murailles. *Tichodroma phœnicoptera.* (Tem.)

Niche sur les rochers, dans le Midi. On en tue quelquefois dans notre département, mais très-accidentellement. Le rouge vif qui orne les ailes de cet oiseau, le rend bien facile à connaître. (R. R.) (A.)

Genre Upupa.

La Huppe. *Upupa epops.* (Linn.)

Connue aussi sous le nom de *Popue.* Le nom de Huppe lui a été donné à cause de ce bel ornement qui surmonte sa tête; et son nom vulgaire de Popue (Pot-pue) lui vient de ce que l'on croit, dans les campagnes, que son nid est composé d'excréments. Elle vit dans les bois, à proximité des prairies. (A. R.) (N.) (E.)

3ᶜ FAMILLE. — *A DOIGTS ANTÉRIEURS RÉUNIS.*
(*Zyndactyles.*)

Genre Alcedo.

Le Martin-pêcheur. *Alcedo ipsida.* (Linn.)

Bien connu sous le nom de *Pêche-véron* et *d'Oiseau bleu,* à cause de son plumage supérieur bleu d'azur, qui fait de cet oiseau l'un des plus beaux de nos pays.

C'est une erreur de croire qu'un martin-pêcheur, desséché, éloigne les insectes des lainages, comme quelques personnes le pensent.

Il se tient le long des ruisseaux et des rivières; il niche dans les trous qu'il se creuse le long des berges, et se nourrit de petits poissons qu'il attrape avec dextérité en volant. (C.) (N.) (◉.)

4ᵉ FAMILLE. — *A POUCE REVERSIBLE EN AVANT.*
(*Hétérodactyles.*)

Genre Hirundo.

L'Hirondelle de fenêtre. *Hirundo urbica.* (Linn.)

Tout le monde connaît cette espèce, remarquable par son croupion blanc, et qui vient tous les ans placer son nid sous la protection de l'homme, aux angles de nos fenêtres et sous nos toits. Dans des lieux déserts, comme certains sites de Provence, elle attache son nid aux rochers. (C. C.) (N.) (P. E. A.)

L'Hirondelle de cheminée. *Hirundo rustica.* (Linn.)

Celte espèce se reconnaît facilement à sa queue fourchue et à sa gorge rousse.

Elle arrive à la fin de mars, et repart au commencement d'octobre, pour passer l'hiver en Afrique. Les jeunes se répandent dans les campagnes à l'automne, et partent quelques jours plus tard. Elle niche sous les toits et dans les écuries. (C. C.) (N.) (P. E. A.)

L'Hirondelle de rivage. *Hirundo riparia.* (Linn.)

Cet oiseau cosmopolite est plus sauvage que ses congénères. Il arrive plus tard et repart plus tôt. Il niche dans les trous qu'il se creuse sur les bords escarpés de la Seine, et dans les carrières de grèves, comme à Rosières. (A. R.) (N.) (E.)

Une erreur, peu répandue, il est vrai, attribue aux hirondelles la faculté de passer l'hiver au fond des étangs, dans un état léthargique. Nous ne pouvons nous empêcher de réfuter en deux mots un préjugé si absurde, rapporté par quelques auteurs, amateurs du merveilleux. On sait que les hirondelles ne muent pas sous notre climat, et que les jeunes, qui nous quittent à la fin de septembre, nous reviennent au printemps revêtues de leur plumage parfait. Donc, en admettant que les hirondelles puissent vivre plusieurs mois sous l'eau, il faudra nécessairement supposer qu'elles y opèrent leur mue. Ces deux faits, dont la théorie est impossible, nous paraissent contre toutes les lois connues de la nature, et sont des preuves sans réplique, dit Temminck, contre l'idée ridicule de leur torpeur pendant l'hiver.

Genre Cypselus.

Le Martinet de murailles. *Cypselus murarius.* (Tem.)

Tout le monde a remarqué cet oiseau à cause du

cri aigre et désagréable qu'il fait entendre en volant autour des églises.

Il arrive chez nous en avril, fait une seule ponte, et repart en août. Après le coucher du soleil, les mâles s'élèvent dans les airs et s'y rassemblent à grands cris ; bientôt l'œil les perd de vue, et on ne les voit redescendre qu'à la pointe du jour. Les femelles les accompagnent dans ce voyage nocturne et aérien, aussitôt que les petits n'ont plus besoin de chaleur. Pendant une partie du jour ils dorment et restent cachés sous les plombs et dans les crevasses des édifices. Le mâle ne couve pas, mais il nourrit sa femelle. (C. C.) (N.) (E.)

(Pour plus de détails sur les mœurs singuliéres du martinet, voir Spallanzani, *Voyage dans la Sicile,* où il traite aussi du prétendu engourdissement des hirondelles.)

Genre Caprimulgus.

L'Engoulevent. *Caprimulgus europœus.* (Linn.)

Il doit à son bec, qui s'ouvre jusque sous les yeux, le nom d'Engoulevent, et celui de *Crapaud-volant,* sous lequel il est connu des chasseurs. Les anciens l'avaient nommé *Caprimulgus,* parce qu'ils supposaient que son bec, largement fendu, lui servait à traire les chèvres.

Il habite le bord des bois, les broussailles, où, le soir, on le voit chasser les phalènes et autres insectes nocturnes. Il niche à terre, dans les bruyères. (A. R.) (N.) (E.)

3ᵉ ORDRE. — **Les Passereaux.**

1ʳᵉ FAMILLE. — *LES OMNIVORES.*

Genre Corvus.

1ʳᵉ *Section.* LES CORNEILLES.

Le Corbeau noir, *Corvus corax* (Linn.), est le type de ce genre, et n'a pas encore été tué dans notre pays. Il se distingue facilement de la Corneille noire, car il est plus fort et ne voyage pas par bandes. Les plumes de ses ailes sont employées pour le dessin linéaire et pour armer les touches de clavecin.)

La Corneille noire. *Corvus corone*. (Linn.)

On la nomme vulgairement Corbeau, mais à tort. De grandes bandes de cet oiseau viennent tous les hivers peupler nos campagnes, et s'abattre à grands cris sur les charognes. Quelques couples restent pendant l'été. Une auberge de Troyes a pris pour enseigne un Corbeau blanc, variété accidentelle de cette espèce, qui avait été élevée dans la maison. (C. C. surtout l'H.) (N.) (⬤.)

La Corneille mantelée. *Corvus cornix*. (Linn.)

On en voit tous les hivers ; mais ses bandes sont moins nombreuses que celles de la corneille noire. La disposition de son plumage, moitié gris, moitié noir, qui figure un mantelet, lui a fait donner son épithète spécifique. Dans les campagnes, on croit que c'est l'âge qui a fait grisonner la corneille noire. (C.) (H.)

Le Freux. *Corvus frugilegus*. (Linn.)

Comme l'espèce précédente, niche dans le Nord, et ne se montre dans notre pays que l'hiver.

L'habitude de cet oiseau de chercher sa nourriture dans la terre, empêche les plumes de la face de pousser, et c'est un caractère propre à l'espèce d'avoir la face dénuée de plumes. Il cause du dégât aux champs nouvellement ensemencés. (A. C.) (H.)

Le Choucas. *Corvus monedula*. (Linn.)

Habite les tours et les grands édifices. Il niche tous les ans sur la cathédrale de Troyes. La ponte a lieu dès le 15 avril, et n'est pas double. L'hiver il s'abat dans les marais. (A. R.) (N.) (⬤.)

(Le Chouc, *Corvus spermologus* (Frisch.) pourrait bien être de passage dans nos contrées. Je soupçonne que c'est de cette espèce que l'on voit à l'automne un individu ou deux dans les bandes d'étourneaux.)

2ᵉ *Section.* LES GEAIS.

Le Geai. *Corvus glandarius.* (Linn.)

Habite les bois, d'où il sort peu. (C. C.) (N.) (◉.)

3ᵉ *Section.* LES PIES.

La Pie. *Corvus pica.* (Linn.)

Habite les bois, les vergers, les plantations, et se répand dans les champs. (C. C.) (N.) (◉.)

Ces deux derniers oiseaux, le premier sous le nom de *Jacquot*, le second sous celui de *Margot*, étaient autrefois peut-être plus qu'à présent les favoris des gens du peuple, qui parvenaient à leur faire répéter quelques mots.

Genre Coracias.

Le Rollier d'Europe. *Coracias garrula.* (Linn.)

Ce bel oiseau d'Allemagne, couleur d'aiguemarine, n'est pas même de passage dans notre département; ceux qu'on a tués étaient des individus égarés. (R. R.) (H.)

Genre Sturnus.

L'Etourneau. *Sturnus vulgaris.* (Linn.)

On le nomme aussi Sansonnet; il niche dans nos bois, et à l'automne il se rassemble dans les prés en bandes immenses pour émigrer. On le voit souvent autour des troupeaux. (C.) (N.) (P. E. A.)

Genre Oriolus.

Le Loriot. *Oriolus galbula.* (Linn.)

Ses ailes noires, en tranchant sur le jaune d'or de son corps, font de cet oiseau l'un des plus beaux de nos climats. Son chant est passé en proverbe.

Il arrive au mois d'avril dans nos bois, et nous quitte au mois d'août. On sait combien il recherche les cerises; l'adresse avec laquelle il suspend son nid à une branche bifurquée est vraiment admirable. (C.) (N.) (E.)

2ᵉ FAMILLE. — *LES INSECTIVORES.*

Genre Turdus.

1ʳᵉ *Section*. **LES SYLVAINS.**

La Draine. *Turdus viscivorus.* (Linn.)

Cette espèce, la plus grande du genre, est peu sauvage ; elle revient en février , et, comme le merle, fait son nid dès le mois de mars ; elle habite les bois, les vergers. (C.) (N.) (P. E. A.)

La Litorne. *Turdus pilaris.* (Linn.)

Se distingue des autres grives par le cendré de sa tête. Son nom vulgaire de *Tiatia* a été formé, par onomatopée, de son cri. Cet oiseau est naturellement méfiant ; il niche dans le nord, et arrive en bandes à la fin de l'automne. Les fruits du genèvrier, dont il se nourrit, rendent sa chair amère. (C.) (H.)

La Grive. *Turdus musicus.* (Linn.)

Au printemps on remarque le chant mélodieux de cette espèce. Quelques couples nichent dans nos bois ; mais à son passage régulier d'automne, elle est très-fréquente. (C.C.) (N.) (P. E. A.)

Le Mauvis. *Turdus iliacus.* (Linn.)

Cette grive se distinguera toujours facilement des autres par ses flancs roussâtres.

Elle niche dans le nord, et nous visite tous les ans deux fois. A l'automne on la trouve dans les vignes ; à la fin de l'hiver, le long des prairies. (C.) (H.)

Le Merle noir. *Turdus merula.* (Linn.)

Le Merle à bec jaune de nos oiseleurs est le mâle adulte.

Il habite toute l'année nos bois, nos vergers ; quelques-uns émigrent l'hiver ; pendant les gelées on le trouve le long de l'eau. (C.) (N.) (◉.)

Le Merle à plastron. *Turdus torquatus.* (Linn.)

Ainsi nommé à cause de ce collier blanc qui tranche si bien sur son plumage noir. Il habite le nord. On le voit dans nos contrées, à son double passage, en novembre et en mars. (A. R.) (H.)

2ᵉ *Section.* LES SAXICOLES.

Le Merle de roche. *Turdus saxatilis.* (Lath.)

Habite les montagnes de la Franche-Comté, de la Suisse, et se montre ici très-accidentellement. On en a tué un sur l'église de Mussy-sur-Seine ; il y a quelques années, une femelle a été tuée à Bouilly, pendant l'automne, etc. (RR.) (A.)

Genre Lanius.

La Piegrièche grise. *Lanius excubitor.* (Linn.)

Le chant des piegrièches est très-varié, elles savent imiter le chant des fauvettes.

Celle-ci habite les garennes, les lisières des bois, et disparaît en grande partie l'hiver comme les autres espèces de piegrièches. (C.) (N.) (◉.)

La Piegrièche rousse. *Lanius rufus.* (Bris.)

On trouve cette espèce sur les arbres qui bordent les routes ; elle émigre de bonne heure. (A. C.) (N.) (E.)

La Piegrièche à poitrine rose. *Lanius minor.* (Linn.)

C'est la piegrièche d'Italie de Buffon. Elle ressemble assez à la grise, mais on peut facilement la distinguer de cette dernière par la bande noire qu'elle porte sur le front.

Cette espèce, que les naturalistes disent habiter la Provence, l'Italie, vient tous les ans nicher sur les noyers de nos plaines ; pendant le moment des pontes, on la rencontre plus souvent que la grise. Son nid, comme on l'a déjà observé, est construit de plantes aromatiques. (C.) (N.) (E.)

La Piegrièche Ecorcheur. *Lanius collurio.* (Bris.)

Son nom lui vient de son habitude d'accrocher les grillons et les sauterelles aux épines.

Elle habite les haies, les broussailles. (C. C.) (N.) (E.)

Genre Muscicapa.

Le Gobe-Mouche gris. *Muscicapa grisola.* (Lath.)

Il est connu aux environs de Troyes sous le nom de *Tique-Mouche.* Il habite les parcs, les vergers humides, où on l'entend souvent pousser son cri aigu et plaintif. Je n'ai jamais remarqué qu'il nichât dans des trous d'arbres, comme on l'a indiqué. (C.) (N.) (P. E.)

Le Gobe-Mouche à collier. *Muscicapa albicollis.* (Tem.)

Un collier d'un blanc pur tranche sur le noir de son cou. Il habite les forêts, les bois touffus ; je l'ai rencontré au printemps et à l'automne, mais je n'ai pas encore vu son nid. (R.) (N. ?) (P. A.)

Le Gobe-Mouche Bec-figue. *Muscicapa luctuosa.* (Tem.)

Buffon a décrit le plumage d'été sous le nom de Traquet d'Angleterre, et le plumage d'hiver sous celui de Bec-figue.

Il habite les plantations, les vergers humides. Pendant les pontes, on le voit dans le bois de Fouchy. Il est très-gras à l'automne ; on le rencontre alors par petites bandes. L'oiseau que l'on nomme bec-figue, chez nous, est le plus souvent le pipit des buissons (page 64.) (C.) (N.) (P. E. A.)

Genre Sylvia.
1re *Section.* LES RIVERAINS.

Le Bec-Fin housserole. *Sylvia turdoïdes.* (Mey.)

Le nom vulgaire de *Racaca* a été donné à la Rousserolle, parce qu'il imite son cri, qui est très-fort. Elle se plaît et niche dans les roseaux et les joncs de la Seine et des marécages ; on la trouve à Rosières, etc. (A. R.) (N.) (P. E.)

Le Bec-Fin Locustelle. *Sylvia locustella.* (Lath.)

Buffon a nommé cet oiseau Alouette locustelle, et l'a figuré par erreur sous le nom de Fauvette tachetée.

Il est nommé ainsi parce que son cri imite celui d'une grosse sauterelle *(Locusta)*. On le reconnaît facilement à sa gorge grivelée et à sa queue étagée.

Je l'ai tué dans les broussailles qui bordent la Seine, à la ferme de Marivas, à Sᵗᵉ-Cyre, à Gyé. Il se tient quelquefois dans les trous de taupes, dans les prairies humides. (R. R.) (N.) (E.)

Le Bec-Fin aquatique. *Sylvia aquatiqua.* (Lath.)

On peut facilement distinguer cette fauvette à la bande blanchâtre du sommet de la tête.

Avant que le marais de Sᵗ-Germain ne fût desséché, elle y nichait parfois dans les roseaux. On la retrouvera peut-être dans d'autres marécages. (R.R.) (N.) (E.)

Le Bec-Fin Phragmite. *Sylvia phragmitis.* (Bechst.)

Son nom lui vient de *phragmites* (le roseau à balais). Il ne se trouve pas dans Buffon.

Cette fauvette, qui habite et niche dans les roseaux, est remarquable par ses deux sourcils blanchâtres. On la trouve, mêlée à la suivante, sur les bords touffus de la Seine. (R. R.) (N.) (E.)

Le Bec-Fin Efarvatte. *Sylvia arundinacea.* (Lath.)

Ce petit oiseau riverain fait entendre continuellement sa grosse voix dans les roseaux de la Seine et des rivières. On le nomme aussi petite Rousserole, parce qu'il est moitié moins gros et qu'il ressemble à la rousserole. Son nid est entrelacé avec art dans les joncs. (A. C.) (N.) (P. E.)

Le Bec-Fin Verderolle. *Sylvia palustris*. (Bechst.)

Cette fauvette, qu'on avait confondue jusqu'à ces derniers temps avec la précédente, s'en distingue cependant par son bec plus fort et plus large.

Elle a encore été peu observée. Cependant on la trouve depuis l'Italie jusqu'en Hollande. Je ne l'ai vue que rarement autour de Troyes. (R. R.) (N.) (E.)

2e *Section*. LES SYLVAINS.

Le Bec-Fin Rossignol. *Sylvia luscinia*. (Lath.)

On connaît le chant nocturne et hamonieux dont le rossignol fait retentir nos jardins et nos bois. Son chant cesse aussitôt qu'il doit s'occuper de ses petits. Il nous quitte de bonne heure pour chercher des contrées sans hiver. (A. C.) (N.) (P. E.)

Le Bec-Fin à tête noire. *Sylvia atricapilla*. (Lath.)

Cette fauvette, bien connue, charme les soirées de printemps, par son chant agréable. Elle se plaît dans nos bosquets et nos jardins. Ses œufs varient d'une manière étonnante; il est difficile de trouver deux nids semblables. (C. C.) (N.) (P. E.)

Le Bec-Fin Fauvette. *Sylvia hortensis*. (Bechst.)

Le plumage de ce bec-fin est des plus uniformes: il habite nos garennes et nos bosquets, où il fait entendre un chant assez éclatant. (C. C.) (N.) (P. E.)

Le Bec-Fin Grisette. *Sylvia cinerea*. (Lath.)

Son nom lui vient de la couleur grisâtre de son plumage. Cette espèce, qui chante, babille, remue et voltige continuellement, se rencontre dans les haies, les jardins; elle niche dans les buissons et les charmilles. (C. C.) (N.) (P. E.)

Le Bec-Fin babillard. *Sylvia curruca*. (Lath.)

Cette fauvette mériterait mieux le nom de Grisette que la précédente, car son plumage est cendré, et quoique son nom semble indiquer le contraire, elle est bien moins babillarde que la grisette. La babillarde a les ailes bordées de cendrés, et la grisette les a bordées de roux.

Elle habite les haies, les taillis. (A. C.) (N.) (P. E.)

Le Bec-Fin Rouge-gorge. *Sylvia rubecula*. (Lath.)

On le nomme plus vulgairement *Bourse-rouge*. Il est bien reconnaissable à sa gorge d'un beau roux. Sédentaire dans nos forêts, il aime le voisinage des eaux ; à l'automne on en trouve beaucoup de passage.

Pendant les neiges, on voit cet oiseau familier suivre pendant des lieues entières les bûcherons, pour venir ensuite chercher, sous leurs yeux, les débris de leur repas. (C.) (N.) (⦿.)

Le Bec-Fin Gorge-bleue. *Sylvia suecica*. (Lath.)

Cette fauvette est remarquable par sa gorge d'un beau bleu. Elle habite les lisières des forêts, et s'avance très-loin dans le nord ; elle n'est que de passage très-accidentel dans nos contrées. (R. R.) (H.)

Le Bec-Fin Rouge-queue. *Sylvia tithys*. (Scopo.)

Sa queue est d'un roux ardent ; il vit dans les bosquets et les broussailles, et niche dans les lisières des bois, quelquefois dans les vieux murs éboulés. (R.) (N.) (P. E.)

Le Bec-Fin de murailles. *Sylvia phœnicurus*. (Lath.)

Sa queue rousse et sa gorge noire le font souvent confondre avec le précédent. Buffon l'a nommé rossignol de murailles, parce qu'il niche souvent dans les masures, mais son chant est peu varié ; il

habite les garennes et les broussailles ; les jeunes
sont communs à l'automne. (C.) (N.) (P. E. A.)

3ᵉ *Section.* LES MUSCIVORES.

Le Bec-Fin à poitrine jaune. *Sylvia hippolaïs.* (Lath.)

Buffon l'a figuré par erreur sous le nom de Fauvette de roseaux, à laquelle se rapporte son texte.

Toutes les fauvettes de cette section ont le ventre
jaune. Mais dans celle-ci la couleur est plus tran-
chée, et sa grosseur l'emporte de beaucoup sur les
suivantes. Vieillot a voulu changer son ancien nom
pour celui de Polyglotte, qui exprime que son chant
semble imiter celui d'autres oiseaux.

Elle habite les bois, les charmilles, et vient nicher
tous les ans dans les haies de lilas de Sᵗ·André. (A.
C.) (N.) (P. E.)

Le Bec-Fin Ictérine. *Sylvia icterina.* (Vieil.)

Cette espèce, nouvellement décrite, avait été confondue avec les suivantes.

On trouve le Bec-Fin ictérine dans les aulnaies
qui bordent les rivières aux environs de Troyes, et,
de même que les autres pouillots qui suivent, il construit avec art un nid ayant la forme d'un petit four,
c'est-à-dire ayant l'entrée sur le côté, et placé, à
terre, entre les racines d'une souche, ou à l'abri
d'un buisson. Ses œufs, plus gros, se distinguent
par là de ceux des pouillots qui suivent. (A. R.) (N.)
(E.)

Le Bec-Fin siffleur. *Sylvia sibilatrix.* (Bechst.)

Il n'est pas décrit dans Buffon.

On l'a nommé siffleur à cause du chant flûté qu'il
fait entendre en entr'ouvrant ses ailes (s, s, s, r, r, r,
r, fid, fid, fid.). Vieillot l'a nommé sylvicole, parce
qu'il se plaît dans les grands bois. Il vient tous les
ans nicher dans les bois touffus et les futaies de

notre pays. Je l'ai souvent rencontré dans le petit bois de Fouchy. (A. C.) (N.) (P. E.)

Le Bec-Fin Pouillot. *Sylvia trochilus.* (Lath.)

Celui-ci est le pouillot proprement dit, et le plus commun ; Vieillot le nomme Fitis. Son petit cri d'appel qu'il fait entendre continuellement est imité par la syllabe *chuits*, et son chant par *didi, dihi, dehi, zia, zia;* il habite nos bois, nos vergers, nos jardins. (C.) (N.) (P. E.)

Le Bec-Fin véloce. *Sylvia rufa.* (Lath.)

Buffon l'a décrit sous le nom de petite Fauvette rousse, mais sa planche 581 représente la grisette.

Vieillot nomme cet oiseau Collybite. On ne comprend guère la répugnance de ce naturaliste, à adopter les noms donnés avant lui.

Le bec-fin véloce se trouve dans les plantations et dans tous nos grands bois. Comme tous les autres pouillots, on peut l'attirer facilement en sifflant entre les dents ; sa voix pénétrante est exprimée par *tzip, tzap, tzip, tzap.* (A. C.) (N.) (E.)

Le Bec-Fin natterer. *Sylvia nattereri.* (Tem.)

Cette nouvelle espèce arrive au printemps comme les autres pouillots, mais ne se tient que dans les bois secs, les collines boisées. On peut l'observer dans les environs de Bar-sur-Seine, de Riceys. Son nid est arrondi et placé sur la terre. Son chant est exprimé par *tié, kié.* (R. R.) (N.) (E.)

Tout est à refaire pour la distinction des espèces de pouillots ; l'ictérine de Temminck ne paraît pas être l'ictérine de Vieillot, car l'oiseau que Vieillot a décrit sous ce nom se rapproche d'hippolaïs ; et Temminck, dans la description qu'il donne de l'ictérine, dit qu'il est facile de confondre celui-ci avec le pouillot ordinaire : cependant il donne au premier une longueur d'un pouce de plus. Cette contradiction, dans l'ouvrage de Temminck, provient-elle d'une erreur typographique ?

Je pense qu'il existe encore chez nous deux et même trois espèces de pouillots non admises par Temminck ; mais comme ces espèces ne sont pas suffisamment étudiées, et que leur détermination ne repose pas jusqu'ici sur des caractères différentiels bien reconnus, je m'abstiens d'en parler ici, me proposant de remettre les renseignements qui me sont propres à M. Gerbe, à Paris, qui s'occupe d'une monographie des pouillots du centre de la France.

Genre Regulus.

Le Roitelet huppé. *Regulus cristatus*. (Tem.)

Buffon ne faisait qu'une espèce de nos deux roitelets.

Celui-ci et le suivant sont les plus petits de nos oiseaux. Ils sont remarquables aussi par la huppe d'un jaune aurore très-ardent, qui couronne leur tête et à laquelle sans doute ils doivent leur nom, diminutif du mot roi.

On rencontre le roitelet huppé, par petites bandes, dans les bois et les taillis, seulement pendant l'hiver. (A. C.) (H.)

Le Roitelet triple-bandeau. *Regulus ignicapillus*. (Tem.)

Ce charmant petit oiseau a été ainsi nommé parce qu'il a sur les joues trois bandes, deux blanches et une noire au milieu (dans le précédent les joues sont cendrées). Je l'ai souvent rencontré dans les petits bois et les garennes, au printemps et à l'automne. Mais je ne sais s'il niche dans nos forêts. (A. C.) (N. ?) (◉. ?)

Genre Troglodytes.

Le Troglodyte. *Troglodytes vulgaris*. (Tem.)

C'est ce petit oiseau brun qu'on voit sautillant dans les buissons en relevant sa queue. Il porte chez nous, mais à tort, le nom de *Roitelet*, ou plus communément celui de *Royat*. On l'appelle Troglodyte (c'est-à-dire, qui habite les trous), parce qu'il se retire dans les fentes des masures. Il se tient l'hiver, le long des rivières, parmi les racines et les broussailles, et il place quelquefois son petit nid de mousse sous les toits de chaume des granges et des hangards. Quoiqu'il soit le plus petit de nos oiseaux, il semble défier les rigueurs de l'hiver, et on le voit parfois, placé sur la cheminée du laboureur, faire entendre son petit chant agréable, quand tout, dans la nature, semble mort autour de lui. (C. C.) (N.) (●.)

Genre Accentor.

L'Accenteur Mouchet. *Accentor modularis.* (Cuv.)

On le nomme aussi *Traîne-buisson*, à cause de son habitude d'aller de buisson en buisson.

On en voit beaucoup plus l'hiver que l'été, d'où son troisième nom de fauvette d'hiver ; il habite les haies ; on le rencontre pendant le moment des pontes dans les broussailles le long de la Seine, à Marivas, etc. (A. C.) (N.) (●.)

Genre Saxicola.

Le Traquet Cul-blanc. *Saxicola œnanthe.* (Bechst.)

On le nomme ordinairement *Tourne-motte*, à cause de son habitude de chercher les vers, en suivant le laboureur, et *Cul-blanc*, parce qu'en s'envolant il montre son croupion et partie de sa queue, qui sont blancs. Il habite les champs rocailleux, les alentours des carrières. On le trouve surtout sur les friches des coteaux de Bar-sur-Seine, où il niche sous les pierres plates. (C. C.) (N.) (P. E.)

Le Traquet Tarier. *Saxicola rubetra* (Bechst.)

Vulgairement nommé *Trictrac*, par onomatopée de son chant ; il habite et niche dans les prairies, où il est continuellement en mouvement. Il va passer l'hiver dans le midi. (C. C.) (N.) (P. E.)

Le Traquet Pâtre. *Saxicola rubicola.* (Bechst.)

Il niche dans les bruyères des bois, dans les lieux

arides et buissonneux, à Vendeuvre, à Bar-sur-Seine ; je l'ai tué pendant l'automne autour de Troyes ; il émigre l'hiver, mais revient dès février. (A. R.) (N.) (P. E. A.)

Genre Motacilla.

La Bergeronnette grise. *Motacilla alba*. (Linn.)

En plumage d'été et en plumage d'hiver, elle se trouve dans Buffon sous deux noms, ceux de Lavandière et de Bergeronnette grise.

Les bergeronnettes sont connues sous les noms de *Hoche-queue*, de *Branle-queue*, parce qu'elles agitent continuellement leur longue queue. La grise aime le bord des eaux, et niche dans les champs ; on la voit souvent se percher sur les toits de chaume. (C.) (N.) (P. E.) .

La Bergeronnette de printemps. *Motacilla flava.* (Linn.)

Celle-ci, qui se distingue de la précédente par son ventre jaune, habite le bord des rivières, et niche dans nos prairies. Elle recherche les troupeaux ; elle nous quitte quand les insectes disparaissent. (C. C.) (N.) (P. E.)

La Bergeronnette flavéole. *Motacilla flaveola*. (Gould.)

Confondue longtemps avec la précédente, elle s'en distingue cependant par le dessus de la tête qui est jaunâtre, au lieu d'être cendré.

On l'a déjà tuée dans les environs de Paris ; il est probable qu'on la rencontrera chez nous au printemps, quand elle se rend en Angleterre.

La Bergeronnette jaune. *Motacilla boarula*. (Linn.)

Elle mérite bien moins l'épithète de jaune que les deux précédentes. On la rencontre chez nous, l'hiver, le long des sources, des ruisseaux limpides. On dit qu'elle niche quelquefois dans le centre de la France ; mais je n'ai pas encore vu son nid. (A. C.) (H.)

Genre Anthus.

Le Pipit Spioncelle. *Anthus aquaticus.* (Bechst.)

Buffon l'a représenté sous le nom d'*Alouette pipi.*

On le trouve tous les hivers le long de nos ruisseaux, de nos rivières, par bandes de sept à huit ; c'est le seul de ce genre qui ait les pieds noirs : aussi quelques chasseurs le nomment-ils la *Patte-noire.* Temminck dit qu'il niche dans les Pyrénées. En s'envolant il pousse le petit cri commun aux pipits (pitt, pitt). D'où vient leur nom générique. (A. C.) (H.)

Le Pipit Rousseline. *Anthus rufescens.* (Temm.)

La rousseline est figurée dans Buffon sous le nom d'*Alouette de marais*, et le jeune de l'année s'y trouve mal figuré sous le nom de *Fist de Provence.*

Il habite et niche dans les champs secs, les lieux arides. Je l'ai tué sur la route de Saint-Germain, et dans les vignes de Payns. (A. R.) (N.) (E.)

Le Pipit Farlouse. *Anthus pratensis.* (Bechst.)

La farlouse est figurée dans les planches enluminées de Buffon, par erreur, sous le nom de *Cujelier,* qui est le même oiseau que l'alouette lulu.

Elle habite les lieux marécageux, et niche rarement chez nous ; à l'automne, on la voit par petites bandes dans les prairies inondées ; elle ressemble au pipit des buissons, mais on peut remarquer que l'ongle du pouce de ce dernier est très-court, tandis que la falouse l'a très-long. (C.) (N.) (⦿.)

Le Pipit des buissons. *Anthus arboreus.* (Bechst.)

Buffon l'a figuré dans ses planches enluminées sous le faux nom de Farlouse ; le jeune s'y trouve aussi figuré sous le nom de *Pivote ortolane.*

Cet oiseau devient très-gras à l'automne, et est alors un manger délicieux ; on le recherche sous le nom de *Bec-figue*, nom sous lequel il est connu ici et à Paris ; en Provence on le nomme *Grasset*. Il émigre l'hiver, mais revient de bonne heure nicher dans les clairières de nos bois. (C. C.) (N.) (P. E.)

On doit savoir gré à Temminck d'avoir si bien indiqué les erreurs dans lesquelles est tombé le dessinateur de Buffon, pour ces quatre pipits, car il faut remarquer que le texte ne se rapporte nullement avec les figures enluminées.

Le Pipit à gorge rousse. *Anthus rufogularis.* (Brehm.)

Au mois de septembre, je tuai, dans une petite bande, un jeune pipit, n'ayant que quelques plumes rougeâtres à la gorge, mais ayant bien tous les autres caractères du pipit à gorge rousse. Je n'osai cependant le reconnaître pour cette espèce d'Afrique qu'après avoir pu le comparer avec une femelle et un jeune de cette espèce, pris au filet, pendant l'automne, aux environs de Paris. (!) (R. R.) (A.)

3me FAMILLE. — *LES GRANIVORES.*

Genre Alauda.

L'Alouette des champs. *Alauda arvensis.* (Linn.)

La girole dont parle Buffon est probablement un jeune.

Tout le monde connaît cette espèce qui chante si agréablement, en s'élevant perpendiculairement en l'air, pour saluer le soleil levant. Elle vit dans les champs de céréales. En octobre, on en voit de grandes bandes de passage, et alors notre marché est abondamment fourni d'alouettes prises aux filets. (C. C.) (N.) (⊙.)

L'alouette Lulu. *Alauda arborea.* (Linn.)

C'est la petite alouette huppée, et le cujelier de

Buffon ; mais la figure du cujelier représente le pipit farlouse.

Au printemps, on la voit placée à l'extrémité d'une branche, ou s'élevant très-haut en l'air, et faisant entendre un chant assez agréable, où se trouve répété la syllabe lu-lu, qui lui a valu son nom. Elle niche dans les friches près des bois, dans l'arrondissement de Bar-sur-Seine, où les vignerons la nomment *Tréplu.* Je l'ai tuée rarement autour de Troyes, et seulement pendant l'automne. (A. C.) (N.) (P. E. A.)

L'Alouette Cochevis. *Alauda cristata.* (Linn.)

Buffon a décrit et figuré un mâle, à plumage foncé, sous le nom de *Coquillade.*

Tout le monde a pu remarquer l'alouette huppée, qu'on voit courir le long des grandes routes. Elle habite les plaines blanches de la Champagne, et il semble qu'elle a, jusqu'à un certain point, pour limite le terrain crétacé, car je remarque que dans plusieurs faunes de provinces voisines, elle n'est que de passage accidentel. (C. C.) (N.) (⬤.)·

L'Alouette Calandrelle. *Alauda brachydactyla.* (Temm.)

Elle était inconnue à Buffon.

Cette nouvelle espèce d'alouette n'a encore été mentionnée que comme habitant le midi. Plus petite que l'alouette des champs, on la reconnaîtra aux plumes qui recouvrent les ailes et qui sont aussi longues que ces dernières.

Je l'ai tuée sur les friches de Ricey, et dans les plaines arides de Créney et des Chapelles ; je possède aussi son nid. (A. R.) (N.) (E. A.)

Genre Parus.

La Mésange Charbonnière. *Parus major.* (Linn.)

Le courage des mésanges est tel, que si une

chouette sort pendant le jour, on les voit venir la combattre avec acharnement. Aussi ce sont les oiseaux qui donnent les premiers à la pipée.

Celle-ci habite tous nos bois. (C. C.) (N.) (◉.)

La Mésange petite-charbonnière. *Parus ater.* (Linn.)

Elle habite les bois de sapins de l'Allemagne. M. Jourdain la dit indigène chez nous, mais on ne la trouve que de passage très-accidentel à l'automne. (R. R.) (A.)

La Mésange bleue. *Parus cœruleus.* (Linn.)

Les oiseleurs de Troyes la nomment *sicilienne.* Elle habite les bois, les jardins. (C. C.) (N.) (◉.)

La Mésange Nonnette. *Parus palustris.* (Linn.)

On la nomme ainsi à cause de son plumage gris et noir, cette dernière couleur figurant un capuchon sur la tête.

Elle niche dans les arbres creux des bois, dans les saules des endroits marécageux. (C. C.) (N.) (◉.)

La Mésange à longue queue. *Parus caudatus.* (Linn.)

Cet oiseau, le plus petit de corps de ceux que nous avons, paraît cependant plus gros que le roitelet, à cause de sa longue queue. Il ne niche point comme les espèces précédentes dans des trous d'arbres, mais il construit un nid admirable, de forme sphérique et percé d'un seul trou sur le côté.

Il habite les bois, les garennes. L'hiver, on le voit en petites bandes, volant par saccades, le long des rivières. (C. C.) (N.) (◉.)

La Mésange Moustache. *Parus biarmicus.* (Linn.)

Ainsi nommée à cause de ces deux belles moustaches noires qui s'étendent sur sa gorge, et qui tranchent sur son plumage roussâtre.

Cette mésange niche en Hollande ; elle est quelquefois de passage en France. M. Jourdain l'a rencontrée à Ervy. (R. R.) (A.)

Genre Emberiza.

Le Bruant jaune. *Emberiza citrinella.* (Linn.)

Connu partout sous le nom de Verdière. Voyez, page 70, l'article relatif au verdier, auquel presque tout le monde a imposé le nom de Bruant.

Le bruant jaune vit dans les bois, les vergers ; il est très-commun l'hiver ; on le voit alors par grandes bandes, le long des routes ; le verdier au contraire est rare pendant cette saison. (C. C.) (N.) (◉.)

Le Bruant Proyer. *Emberiza miliaria.* (Linn.)

On lui a donné vulgairement le nom de *Trille*, à cause de son cri.

Il habite et niche dans les prairies. A l'automne, époque à laquelle il est très-gras, il se réunit en grandes bandes pour émigrer. (C. C.) (N.) (P.E. A.)

Le Bruant de roseaux. *Emberiza schœniculus.* (Linn.)

Cet oiseau se fait remarquer par son petit collier blanc. Il habite les marais boisés, et niche dans les roseaux des étangs du canton de Piney, etc. A l'automne, il voyage par petites bandes pour émigrer. (A. C.) (N.) (E. A.)

Le Bruant de marais. *Emberiza palustris.* (Savi.)

Je rapporte à cette espèce, encore peu connue, un bruant à taille plus forte et à bec plus gros que le précédent, et que j'ai tué, dans les vignes, autour de Troyes, pendant certains automnes. (?) (R.) (A.)

Le Bruant Ortolan. *Emberiza hortulana.* (Linn.)

La chair de l'ortolan, si dilicate et si grasse, mais

seulement à l'automne, l'a rendu célèbre dans la gastronomie. Je l'ai tué bien des fois autour de Troyes. Il niche à Javernant, Bar-sur-Seine, Riceys.

L'oiseau que nos chasseurs nomment Ortolan, est le Torcol. (Page 46.)

Son chant (wui, wui, wui, pui, wui, wui) l'a fait remarquer dans l'arrondissement de Bar-sur-Seine, où on le nomme *Vigneron*, nom vulgaire qu'il porte aussi en Provence. (A. C.) (N.) (P. E. A.)

Le Bruant Zizi. *Emberiza cirlus.* (Linn.)

La syllabe zi-zi rappelle un peu son chant. Il ressemble au bruant jaune; mais il a la gorge noire. Il en vient nicher tous les ans dans les broussailles qui longent les rivières de notre pays. (A. R.) (N.) (E.)

Le Bruant fou. *Emberiza cia.* (Linn.)

Buffon le décrit sous deux noms : Bruant de pré, Ortolan de Lorraine.

On le nomme fou, parce qu'il donne étourdiment dans les piéges, comme tous les bruants.

Je ne connais qu'une capture de cet oiseau. Il niche dans le midi. (R. R.) (A.)

Le Bruant de neige. *Emberiza nivalis.* (Linn.)

On le trouve sous deux noms dans Buffon : Ortotolan de neige, Ortolan de passage.

Il niche dans le Nord; quelquefois il est de passage en France pendant l'hiver. On l'a déjà rencontré dans plusieurs départements limitrophes ; mais je ne l'ai pas encore observé dans le nôtre, quoique, bien certainement, il y passe. (R. R.) (H.)

Genre Loxia.

Le Bec-croisé des Pins. *Loxia curvirostra.* (Linn.)

Cet oiseau, remarquable par sa singulière habitude de nicher, en Allemagne, pendant l'hiver, l'est encore par la forme de son bec, qu'explique son nom, et qui lui sert à arracher les semences des cônes de pins. Le mâle a le plumage rougeâtre.

Cet oiseau nous visite accidentellement, et ne se défie point de l'homme. (R. R.) (A. H.)

Genre Pyrrhula.

Le Bouvreuil commun. *Pyrrhula vulgaris.* (Briss.)

Ce bel oiseau habite nos forêts ; il niche dans celles de Chaource et d'Orient. Plus rare l'hiver, on le rencontre alors le long de l'eau.

Un oiseleur a pris, près de Troyes, une variété accidentelle d'un noir brillant. Temminck dit bien que la femelle prend quelquefois ce plumage quand elle est nourrie en cage avec du chenevis, et tenue dans un endroit sombre ; mais la variété que j'ai vue était sauvage. (A. C.) (N.) (●.)

Genre Fringilla.

1re *Section.* LES LATICONES.

Le Gros-bec. *Fringilla coccothraustes.* (Tem.)

Cette espèce, qui sert de type au genre, est bien caractérisée par son bec énorme, qui lui sert à broyer les noyaux pour en tirer les amandes. Sédentaire dans nos bois montagneux, le gros-bec se répand l'hiver dans les vergers. On le nomme vulgairement, mais à tort, *Pinson d'Ardennes.* (Pag. 71.) (A. C.) (N.) (●.)

Le Verdier. *Fringilla chloris.* (Tem.)

Il habite les haies, les jardins, les arbres des routes. (C. C.) (N.) (●.)

On confond ordinairement cet oiseau avec le bruant jaune, que l'on nomme communément Verdière. Cette erreur n'est pas seulement propre à notre pays, elle est répandue dans presque toute la France. Le verdier se reconnaît facilement à son gros bec bombé, et le bruant à son bec étroit et à bords rentrants.

La Soulcie. *Fringilla petronia.* (Linn.)

Elle niche dans le midi, et se rencontre de passage accidentel en automne. Une petite tache jaune-clair, placée sur la gorge, rend cette espèce facile à reconnaître. (R. R.) (A.)

Le Moineau. *Fringilla domestica.* (Linn.)

Si le moineau fait du tort à l'agriculture en se nourrissant de grain au moment de la récolte, il rachète un peu ce défaut en détruisant des insectes nuisibles le reste de l'année. On doit noter qu'il ne se trouve guère qu'autour des endroits habités. (C. C.) (N.) (◉.)

Le Friquet. *Fringilla montana.* (Linn.)

Il habite les campagnes, les vergers, et niche principalement dans les trous d'arbres fruitiers. (C.) (N.) (◉.)

Le Cini. *Fringilla serinus.* (Linn.)

Le passage de cet oiseau, commun en Provence, est rare dans le nord de la France ; cependant on l'a déjà pris dans les environs de Metz et à Paris. On doit s'attendre à le rencontrer chez nous.

2ᵉ *Section.* LES BREVICONES.

Le Pinson. *Fringilla cœlebs.* (Linn.)

Dans le jardins et sur les arbres qui bordent les chemins, il fait entendre son joyeux ramage au printemps. L'hiver il voyage par petites bandes. (C. C.) (N.) (◉.)

Le Pinson d'Ardennes. *Fringilla montifringilla.* (Linn.)

Il niche dans le Nord, et visite nos climats régulièrement tous les hivers, quelquefois par troupes innombrables. (C.) (H.)

La Linotte. *Fringilla cannabina.* (Linn.)

Temminck nous explique très-bien comment cet oiseau, sans muer au printemps, revêt son plumage de noces ; l'usure du bout des plumes et l'action de l'air suffisent pour faire paraître la couleur rouge qui est cachée en hiver.

Buffon le donne en plumage d'hiver, sous le nom de Linotte, et en parure de noces, sous celui de Linotte de vignes. Son gentyl de Strasbourg est une variété.

Il habite les vignobles, les broussailles. (C. C.) (N.) (◉.)

La Linotte de montagnes. *Fringilla montium.* (Gmel.)

Cette espèce, qui n'est pas décrite dans Buffon, niche fort avant dans le Nord ; elle est de passage accidentel et très-irrégulier pendant les hivers rigoureux. (R. R.) (H.) (Mon cabinet.)

3e *Section.* LES LONGICONES.

Le Tarin. *Fringilla spinus.* (Linn.)

Ce petit granivore, à plumage verdâtre, varié de noir, devient très-vite familier. Il niche dans le Nord. Nous le voyons, à son double passage, au commencement et à la fin de l'hiver. (A. C.) (H.)

Le Grand Cabaret. *Fringilla borealis.* (Tem.)

C'est le sizerin de Buffon.

Il habite les contrées septentrionales et nous visite dans l'hiver à des intervalles très-irréguliers. Le rose-cramoisi qui orne la tête, la poitrine et le croupion de cette espèce et de la suivante, rendraient ces oiseaux dignes d'être élevés en volière, si la domesticité ne les empêchait pas de revêtir ce charmant plumage. (R. R.) (H.)

Le petit Cabaret. *Fringilla linaria.* (Linn.)

C'est le cabaret de Buffon.

Cet oiseau, qui diffère du précédent, principalement par une taille moindre et par un plumage plus roussâtre, niche dans le nord. Il est de passage chez nous pendant certains hivers. Les oiseleurs disent qu'autrefois on en prenait plus souvent. (R.) (H.)

Le Chardonneret. *Fringilla carduelis.* (Linn.)

Variété accidentelle : le Chardonneret à gorge blanche.

Son nom lui vient des semences de chardon, qu'il recherche à l'automne. Il habite nos vergers, nos jardins, et, de même que la linotte, il n'émigre pas en totalité l'hiver.

Je dois mentionner comme variété accidentelle, intéressante, le chardonneret à gorge blanche, ou *chardonneret à fève* des oiseleurs, pris plusieurs fois autour de Troyes.

Nos oiseleurs désignent sous les noms de *Quatrains,* de *Sixains,* des légères variétés de chardonnerets, qui ont quatre ou six taches blanches sous les pennes de la queue. Ces taches varient avec la mue. (C. C.) (N.) (⬤.)

Le Serin domestique *Fringilla canaria.* (Linn.)

Variétés constantes : le Serin vert.
— le Serin Isabelle, etc.

Originaire des îles Canaries, on l'élève dans les volières, à cause de son chant. Il en existe beaucoup de variétés : les plus constantes sont le serin vert, le serin isabelle.

On obtient des variétés hybrides et infécondes de l'accouplement de cet oiseau avec le chardonneret, le tarin, la linotte, etc.

4ᵉ ORDRE. — **Les Gallinacés.**

2ᵉ FAMILLE. — *LES COLOMBINS.*

Genre Columba.

ESPÈCES SAUVAGES :

Le grand Ramier. *Columba palumbus* (Linn.)

Le ramier, quoique très-voyageur, se rencontre dans toutes les saisons. Il niche sur les plus grands arbres de nos forêts, et, à l'automne, il nous en arrive des bandes souvent immenses. (C.) (N.) (◉.)

Le petit Ramier. *Columba œnas.* (Linn.)

Il n'est pas décrit dans Buffon.

Le petit ramier ressemble au bizet, mais il s'en distingue par son croupion bleuâtre. Ajoutons encore qu'on n'a jamais pu le soumettre à la domesticité. Il habite les forêts de haute futaie, surtout celles du midi. Nous en voyons quelques-uns pendant l'hiver, mais très-peu pendant l'été. (R. R.) (N.) (◉.)

La Tourterelle sauvage. *Columba turtur.* (Lin.)

Elle arrive à la fin d'avril, et repart pour le midi au commencement de septembre. Elle habite les bois, les bosquets, et niche souvent sur les têtes de saules, dans les prairies. (C. C.) (N.) (E.)

ESPÈCES DOMESTIQUES :

La Tourterelle à collier. *Columba risoria.* (Lin.)

Variété constante : la Tourterelle blanche.

La tourterelle à collier est ainsi nommée, à cause du collier noir qui tranche sur son plumage blond. C'est par cet oiseau que les poètes font traîner le char de Vénus. Il est originaire des Indes, du Sénégal. La douceur de ses habitudes le fait élever en domesticité, quoique son roucoulement soit fort triste. La race blanche, sans collier, est plus rare (*). (C. C.)

Le Pigeon Bizet. *Columba livia*. (Briss.)

Il diffère du petit ramier, qui est de la même grosseur, par son croupion blanc. Le bizet vit à l'état sauvage et indépendant dans les contrées méridionales, et niche dans les rochers du nord de l'Afrique; chez nous, il vit volontairement, en demi-domesticité, dans les colombiers, que quelques-uns, parfois, abandonnent pour redevenir sauvages et vivre alors dans les trous des églises et d'autres grands édifices. Ils constituent, dans cet état, le *bizet fuyard*, ou *de roche*, de quelques auteurs. C'est cette espèce seule qui peuple nos colombiers dans les campagnes; et, suivant l'opinion des naturalistes, c'est d'elle qu'est descendu le pigeon domestique, *columba domestica* (Lath.), que nous élevons dans nos volières, et dont les rejetons, assortis avec soin, ont donné les races qui, perfectionnées par les soins de l'homme pendant des siècles, sous divers climats, ont changé peu à peu de forme, et se sont éloignées de plus en plus du bizet, leur souche commune. Gorgées de nourriture, elles ont perdu tout sentiment de liberté et tout instinct pour pourvoir d'elles-mêmes à leurs besoins. C'est donc du bizet qu'on suppose qu'est descendu :

Le Pigeon domestique. *Columba domestica*. (Lath.)

Cet oiseau, très-variable, très-fécond, et qui n'a aucun caractère stable, ne peut pourvoir de lui-même à sa nourriture. Il est nommé aussi *Pigeon*

(*) Il ne faut pas confondre, ainsi que l'ont fait quelques auteurs, cette race blanche avec la tourterelle blanche, *columba alba* (Tem.), espèce de la Chine, domestique dans quelques contrées de l'Europe, mais presque inconnue en France.

mondain, Pigeon de volière, par opposition aux pigeons de colombier (les bizets), qui peuvent se nourrir d'eux-mêmes. A Troyes, on le nomme souvent *Pigeon pattu,* quoiqu'il n'ait pas toujours les pieds emplumés.

Voici ses principales races :

1° Le Pigeon messager. *Columba dom. tabellaria.* (non Lath.)

Notre pigeon messager, ou de Bruxelles, n'est pas du tout le *Columba tabellaria* des anciens auteurs, race qui rentre dans celle du pigeon romain, et qui est impropre au vol.

> *Sous-race :* le Pigeon volant. *Columba tab. alti-volans.* (Desp.)

2° Le Pigeon culbutant. *Columba dom. giratrix.* (Lath.)

3° Le Pigeon tournant. *Columba dom. gyrans.* (Desp.)

4° Le Pigeon hirondelle. *Columba dom. hirundinina.* (Desp.)

> *Sous-race :* le Pigeon carme. *Columba hir. carmelitana.* (Desp.)

5° Le Pigeon pattu. *Columba dom. plumipes.* (Desp.)

> *Sous-race :* le Pigeon pattu frisé. *Columba plum. hispida.* (Lath.)

6° Le Pigeon tambour. *Columba dom. tympansians.* (Frisch.)

7° Le Pigeon grosse-gorge. *Columba dom. gutturosa.* (Lath.)

> *Sous-races :* le Pigeon cavalier. *Columba gutt. eques.* (Lath.)
>
> — le Pigeon claquart. *Columba gutt. percussor.* (Lath.)

8° Le Pigeon nonnain. *Columba dom. cucullata.* (Lath.)

9° Le Pigeon paon. *Columba dom. laticauda.* (Lath.)

> *Sous-race :* le Pigeon paon à plumes de soie. *Columba lati. setacea.* (Desp.)

10° Le Pigeon coquille-hollandais. *Columba dom. galeata.* (Lath.)

    Sous-race : Le Pigeon coquille-souabe. *Columba gale. sueviæ.* (.)

11° Le Pigeon cravatte. *Columba dom. turbita.* (Lath.)

12° Le Pigeon polonais. *Columba dom. Brevirostrata.* (Desp.)

13° Le Pigeon bagadais. *Columba dom. turcica.* (Lath.)

14° Le Pigeon turc. *Columba dom. barbarica.* (Lath.)

15° Le Pigeon romain. *Columba dom. hispanica.* (Linn.)

Ces quinze races principales, plus ou moins répandues chez les amateurs de pigeons de volière, ont toutes des sous-variétés, et quelquefois à l'infini ; il faut les considérer comme des races assez constantes, puisque, si on les croise, leurs caractères s'oblitèrent. Elles peuvent toutes s'unir indistinctement entre elles, ou avec le bizet, et produire des métis toujours féconds ; ce qui prouve que les pigeons sont tous d'une même espèce primordiale, puisqu'il est reconnu que la nature s'oppose à la génération de mulets provenant d'espèces différentes. On pourrait, à ces quinze races, en joindre plusieurs autres encore, mais qui dérivent probablement de ces races principales, comme les *Lillois,* les *Maillés,* les *Suisses,* les *Huppés,* les *Heurtés,* les *Miroités.* Par exemple, les pigeons maillés, qui (comme les lillois et les cavaliers) tiennent du grosse-gorge, ont les grandes plumes des ailes blanches, signe évident de leur origine détériorée par le mélange des variétés ; et, d'ailleurs, leur grande fécondité est encore une preuve de la confusion de leur origine, puisqu'un pigeon produit d'autant plus, qu'il a été davantage croisé. En effet, le bizet ne fait que deux à trois pontes, les races constantes cinq à six, tandis que les maillés, comme les autres variétés très-croisées, font jusqu'à neuf et dix pontes par an : aussi le maillé jacinthe est-il très-estimé et très-répandu à Troyes.

2ᵉ FAMILLE. — *LES VRAIS-GALLINACÉS.*

Genre Phasianus.

Le Faisan ordinaire. *Phasianus colchicus.* (Linn.)

Ce Gallinacé est originaire de la Géorgie, de la Circassie, des bords du Phase, d'où les Argonautes le rapportèrent au retour de la conquête de la Toison-d'Or. Il est naturalisé en France, dans quelques bois; dans notre département, on ne le trouve que dans quelques parcs, à moitié sauvage. On l'élève aussi en domesticité, à cause de sa chair, qui est très-estimée. (R. R.) (N.) (⊛.)

Le Faisan doré. *Phasianus pictus.* (Lin.)

Le Faisan argenté. *Phasianus nycthimerus.* (Lin.)

Ces deux dernières espèces, originaires de la Chine et du Japon, se sont aussi multipliées en France, mais seulement comme ornements de nos volières ou de nos basses-cours. Suivant Cuvier, le faisan doré est le phœnix des anciens. (R. R.)

Genre Perdix.

La Perdrix rouge. *Perdix rubra.* (Bris.)

Ne se voit point dans les plaines du nord de notre département. On en rencontre quelques compagnies isolées autour de la forêt d'Othe ; mais elle se trouve, presqu'aussi nombreuse que la grise, dans plusieurs cantons montueux de Bar-sur-Seine. Les chasseurs peuvent facilement reconnaître les mâles aux tubercules calleux du tarse, qui ne se voient point dans les femelles. Quelques personnes veulent absolument que la bartavelle, *perdix saxatilis* (Mey.) se trouve dans notre département, ce qui n'a pu être prouvé. Cet oiseau du midi de l'Europe se distingue de la perdrix rouge par *son collier noir qui ne se dilate point en taches sur la poitrine ;* au reste, on peut la voir au musée de Troyes. Gérardin nous apprend encore que la bartavelle ne peut s'acclimater dans l'intérieur de la France. Celles qu'on y a apportées ont péri, ou ont bien vite émigré. (A. C.) (N.) (⦿.)

Un de mes amis m'a dit avoir tué, à Estissac, une perdrix métis, qui tenait de la rouge et de la grise. Il m'a assuré que les gardes du pays distinguaient cette perdrix. Je n'ai pas encore pu me procurer ce singulier oiseau, en admettant qu'il existe. Il est possible cependant que la perdrix rouge, qui est rare à Estissac, ne trouvant pas d'individus de son espèce pour s'accoupler, s'allie à la perdrix grise, qui est très-commune. Au reste, si ce fait extraordinaire peut être prouvé, voici ce que l'on pourra en penser : Presque jamais deux espèces différentes ne s'accouplent naturellement ; et si, par ruse et par des moyens détournés, l'homme parvient à faire produire ensemble deux animaux différents, comme un cheval avec un âne, un loup avec un chien, un coq avec un faisan, un serin avec un chardonneret, le résultat de cette alliance monstrueuse est le plus souvent infécond, ou, s'il peut reproduire sa race abâtardie (et ce cas sera fort rare), *elle s'éteindra à la première ou à la seconde génération.* Sans cette règle naturelle et immuable, tout serait bientôt bouleversé ; la nature a donc établi des lois fixes, pour que chaque espèce d'animal conserve perpétuellement la pureté de ses caractères.

La Perdrix grise. *Perdix cinerea.* (Lath.)

Elle est répandue partout, dans les lieux bas comme dans les vignes les plus sèches, dans les endroits un peu boisés, comme dans les plaines. L'amour de la perdrix pour ses petits, lui fait braver le danger pour les sauver, aussi est-il devenu proverbial. (C. C) (N.) (⦿.)

Nos chasseurs parlent d'une perdrix de passage.

ou de montagne, *perdix damascæna* (Lath.), mais les naturalistes ne la regardent point comme une espèce. Il est présumable que celles que l'on donne pour telles, sont de véritables perdrix grises, plus petites que celles ordinaires, soit que jeunes elles aient été privées de leur mère, ou que des froids ou des pluies soient survenus au moment de leur éclosion, soit pour toute autre cause. On peut dire aussi que la fertilité ou la pauvreté d'une contrée influent d'une manière sensible sur la grosseur du gibier. Telle est aussi notre opinion sur la bécasse et sur la perdrix rouge, dont les chasseurs de notre département veulent distinguer deux espèces, une grosse et une petite. D'après nos observations, elles sont de simples variétés locales. *C'est sur d'autres caractères que la grosseur, qu'est basée la distinction des espèces,* et les prétendues bartavelles sont prabablement de vieux mâles de la perdrix rouge. Néanmoins j'engage fort nos chasseurs qui rencontreraient des perdrix de passage, à en déposer à notre Musée.

2e *Section.* LES CAILLES.

La Caille. *Perdix coturnix.* (Lath.)

Cette espèce, polygame et nomade, arrive dans nos champs au milieu d'avril, et repart à l'automne pour passer l'hiver en Afrique. Elle voyage la nuit, pendant la pleine lune. Le nombre en diminue sensiblement tous les ans. Les chasseurs nomment *Cailles vertes*, les cailles du printemps, parce qu'elles habitent les champs verts, et *égyptiennes*, les mâles à gorge noire. (C. C.) (N.) (P. E. A.)

Une troisième section du genre perdrix renferme les colins, qui vivent en compagnie dans les broussailles. Il serait facile d'acclimater et de naturaliser chez nous le colin des États-Unis, *perdix borealis* (Tem.), dont le mâle est figuré dans les planches enluminées de Buffon, n° 149. Il est à désirer que nos amateurs de chasse propagent cette petite perdrix, comme on l'a fait en Angleterre.

Genre Meleagris.

Le Dindon domestique. *Meleagris gallopavo.* (Linn.)

Il est originaire de l'Amérique septentrionale. Les jésuites missionnaires en dotèrent l'Europe en 1570. Les premiers dindons furent servis aux noces de Charles IX. (C. C.)

Genre Numida.

La Pintade domestique. *Numida Meleagris.* (Linn.)

Elle est originaire des côtes d'Afrique (du Congo, de la Guinée). On l'élève comme oiseau d'ornement dans les basses-cours, et sa chair est d'un goût exquis. (A. R.)

Genre Pavo.

Le Paon domestique. *Pavo cristatus.* (Linn.)

Ce magnifique oiseau, symbole de la vanité et de l'orgueil, est originaire des Indes orientales, d'où Alexandre-le-Grand l'introduisit en Europe. La Bible nous apprend que les flottes de Salomon en rapportaient de Tharsis. Il était servi dans les festins des Romains, et depuis, dans ceux du moyen-âge, avec son superbe plumage. Il est tout-à-fait acclimaté en France ; mais on ne l'élève plus que comme oiseau d'ornement et par curiosité. (A. C.)

Genre Gallus.

Le Coq domestique. *Gallus domesticus.* (Linn.)

Ce précieux oiseau est devenu, à cause de ses habitudes belliqueuses, le signe symbolique du courage et de la vaillance. C'est peut-être le premier animal que l'homme ait soumis à sa puissance. Suivant Temminck, il est originaire de l'Inde et des îles de l'Océan indien. Son esclavage, qui remonte aux temps fabuleux, l'a fait varier à l'infini, et il a donné plusieurs races :

Races principales : le Coq à crête. *Gallus domesticus.* (Bris.)
— le Coq huppé. *Gallus cristatus.*
(Bris.)
— le Coq nain (Buf.) *Gallus pumi-
lio.* (Bris.)
— le Coq pattu de Camboge (Buf.)
Gallus plumipes. (Bris.)

On voit parfois une variété monstrueuse du coq
ordinaire, qui porte cinq doigts (c'est le *Gallus pen-
tadactylus* de Brisson).

Une autre monstruosité, mais qui n'est qu'artifi-
cielle, est celle qui porte un ergot de poulet, greffé
sur la crête, où il prend de l'accroissement.

Les races suivantes, aussi domestiques en France,
sont encore regardées par plusieurs auteurs, comme
des espèces, quoiqu'elles produisent ensemble.

Le Coq à plumes frisées. *Gallus crispus* (Bris.)

Remarquable par ses plumes crispées en dehors.
On le trouve domestique à Java, au Japon. (A. C.)

Le Coq russe, ou de Padoue. *Gallus patavinus.* (Bris.)

Le plus grand de ce genre. Suivant Temminck,
c'est la variété domestique du coq iago (son *gallus
giganteus*), qu'on trouve à Java et à Sumatra. (A. C.)

Le Coq nègre. *Gallus morio.* (Tem.)

De Mosambique (Buff.), de l'Inde, où il vit sauvage. On l'élève peu, parce que la couleur noire de
sa crête, de sa peau et de l'enveloppe de ses os,
cause de la répugnance. (R. R.)

Le Coq à duvet de soie. *Gallus lanatus.* (Tem.)

Sa peau et l'enveloppe de ses os sont noirs aussi.
Sa livrée blanche, formée de plumes décomposées,
est soyeuse au toucher. Originaire de la Chine, de
l'Inde. (A. R.)

. Le Coq sans croupion. *Gallus ecaudatus.* (Tem.)

Il est remarquable en ce qu'il n'a point de croupion, et par conséquent pas de queue. Il vient de Ceylan. (R.)

5ᵉ ORDRE. — Les Echassiers.

1ʳᵉ FAMILLE. *A TROIS DOIGTS, POINT DE POUCE.*
(Tridactyles.)

Genre Otis.

L'Outarde barbue. *Otis tarda.* (Linn.)

On la nomme aussi dans les campagnes *Bitard.* C'est le plus gros de nos oiseaux, puisque le mâle pèse jusqu'à douze et treize kil. On en voit l'hiver, mais plutôt au printemps, dans nos grandes plaines découvertes de Charmont, des Chapelles, des Dierreys, etc. ; quelquefois on y a même trouvé son nid. Un faucheur, à Premierfait, poursuivait deux jeunes outardes, qui ne pouvaient pas encore voler, quand la mère, accourant au secours de ses enfants, vint s'élancer contre le faucheur, qui, pour se défendre, fut forcé d'avoir recours à sa faux, avec laquelle il lui trancha le cou.

Cet oiseau s'envole devant le chasseur à plus de six cents pas, mais des laboureurs qui conduisent des chevaux s'en approchent quelquefois très-facilement. Ce serait une bonne acquisition pour nos basses-cours, si on pouvait le rendre domestique : déjà plusieurs personnes l'ont essayé. (R.) (N.) (◉.)

L'Outarde Cannepetière. *Otis tetrax.* (Linn.)

La cannepetière habite, comme la précédente, nos plaines arides et découvertes. Il en niche tous les ans dans notre département, à Charmont, aux Chapelles, à Origny-le-Sec, etc. (A. R.) (N.) (P. E. A.)

Genre OEdicnemus.

L'OEdicnème criard. *OEdicnemus crepitans.* (Tem.)

Tous nos chasseurs le connaissent sous le nom de Courlis de terre, par imitation de son cri, qui, le soir, retentit au loin. Il habite les champs arides, les endroits élevés et incultes, à Feuges, les Grès, Mesnil-Lettre, etc.

Les plumes des ailes ne poussent aux jeunes que fort tard, de même que pour le canard sauvage. Aussi, en septembre, les chasseurs trouvent-ils des œdicnèmes qui ont pris leur entière croissance, mais qui ne peuvent encore voler. (C. C.) (N.) (P. E.)

Genre Calidris.

Le Sanderling variable. *Calidris arenaria.* (Illig.)

Son plumage change avec chaque saison ; mais on le distinguera toujours des petits échassiers, parce qu'il n'a que trois doigts et pas de pouce.

Il habite les bords de la mer, et niche dans le nord. On en voit très-accidentellement des individus isolés le long des fleuves. (R. R.) (H.)

Genre Himantopus.

L'Echasse à manteau noir. *Himantopus melanopterus.* (Mey.)

Elle est fort remarquable par ses longues jambes grêles et d'un beau rouge. Elle habite les lacs salins et les fleuves des contrées orientales. De passage très-accidentel dans notre département.

M. Brégeat a donné au Musée de Troyes un couple de cet oiseau rare, qu'il a tué, il y a quelques années, sur un étang de Piney. (R. R.) (P.)

Genre Hœmatopus.

L'Huitrier Pie-de-mer. *Hœmatopus ostralegus.* (Linn.)

Je pourrais citer deux ou trois captures de cet échassier à pieds rouges, qui habite les bords de l'Océan. C'étaient probablement des individus égarés par un coup de vent.

On l'a nommé Huitrier, parce qu'il se nourrit de coquilles bivalves. On a joint à ce nom l'épithète de Pie, à cause de son plumage noir et blanc. (R. R.) (H.)

Genre Charadrius.

Le Pluvier doré. *Charadrius pluvialis.* (Linn.)

A l'automne et au printemps, on en voit de petites bandes dans les marais, dans les prairies tourbeuses. Je me suis procuré quelquefois, au mois d'avril, des individus qui commençaient à revêtir le plumage de noces. C'est alors le pluvier à gorge noire de Buffon, *charadrius apricarius* des naturalistes, qui veulent à tort en faire une espèce distincte. (A.C.) (N. ?) (P. A.)

Le Pluvier Guignard. *Charadrius morinellus.* (Linn.)

N'habite pas les marais, comme les autres espèces congenères. On le voit par bandes sur les tertres des plaines désertes du Pavillon, de Luyères, où il est de passage assez régulier à l'automne et au printemps.

Il est très-sauvage ; les braconniers, pour le joindre, imitent les ivrognes ou les boiteux, ce qui semble l'étonner au point qu'il reste stupéfait. C'est un gibier recherché. (R.) (P. A.)

Le grand Pluvier à collier. *Charadrius hiaticula.* (Linn.)

Il habite les rivages de la mer, où il niche. On le trouve parfois le long de la Seine. (R. R.) (A. P.)

Le petit Pluvier à collier. *Charadrius minor.* (Mey.)

En le voyant de loin courir sur les grèves de la Seine, on le prendrait pour la Lavandière.

Je l'ai tué à Saint-Julien, à la ferme de Marivas, où il niche. Il disparaît en hiver. (A. R.) (N.) (E.)

Le Pluvier à collier interrompu. *Charadrius cantianus.* (Lath.)

Il n'est pas décrit dans Buffon.

Il vit ordinairement sur les grèves de la mer. J'en ai trouvé un jeune, à l'automne, sur le marché au gibier. (R. R.) (A.)

Genre Vanellus (*).

Le Vanneau-pluvier. *Vanellus melanogaster.* (Bechst.)

Se trouve sous trois rubriques différentes dans Buffon : le vanneau varié est le plumage d'hiver, le vanneau gris est un jeune, et le vanneau suisse le plumage des noces.

Il niche dans les marais du nord. Il est de passage sur les bords de l'Océan. M. Jourdain l'indique dans son catalogue des animaux du département. (R. R.) (H.)

Le Vanneau huppé. *Vanellus cristatus.* (Mey.)

Il habite les marais, les prairies tourbeuses, où il niche. Il n'a pas encore abandonné le marais de Saint-Germain, bien qu'il soit desséché depuis plusieurs années. Pendant le carême, on en apporte à Troyes de grandes quantités prises aux filets. Il est regardé comme un gibier que l'on peut manger les jours d'abstinence, de même que la plupart des autres oiseaux de rivage, la bécassine, la poule d'eau, etc. Quelques-uns, moins canoniques, y joignent même le canard sauvage.

Les amateurs d'horticulture peuvent mettre des

---

* Ce genre est assez mal placé dans les Tridactyles, car le Vanneau huppé a quatre doigts, tandis que le Vanneau pluvier n'en a que trois.

vanneaux dans leurs jardins, pour détruire les vers et les limaces. Il est curieux de les voir frapper la terre de leurs pieds, pour attirer les vers de terre à la surface. (C. C.) (N.) (◉.)

2e FAMILLE. — *A QUATRE DOIGTS*. (*Tétradactyles.*)

§ 1er. LES CULTIROSTRES.

Genre Grus.

La Grue cendrée. *Grus cinerea.* (Bechst.)

Cet échassier, le plus haut de nos oiseaux, niche dans les marécages du nord. Ses bandes, alignées en triangle, au commencement de novembre, quand il va en Afrique, et en mars, quand il en revient, annoncent à nos cultivateurs le changement des saisons. Son passage régulier est annoncé par son cri des plus sonores, qui se fait entendre du haut des airs. On n'en tue pas tous les ans, parce que, parfois, ces oiseaux ne s'arrêtent pas dans nos plaines. (A. R.) (P. A.)

Genre Ciconia.

La Cigogne blanche. *Ciconia alba.* (Bris.)

Quoique très-sauvage chez nous, elle niche sur les cheminées et les tours en Allemagne. Elle est de passage en automne et au printemps, quand elle va en Afrique ou qu'elle en revient. Parfois, au mois d'août, on a vu des bandes, composées en partie de jeunes cigognes, s'abattre sur les arbres des bois, et se laisser tuer facilement, tant elles étaient fatiguées. (A. R.) (P. A.)

Il y a un siècle, les apothicaires prenaient pour emblème la cigogne, lui attribuant, avec Belon, l'invention des clystères; mais, d'après Ælian, Plutarque, Cicéron, Prosper Alpin, ce serait l'usage que l'Ibis ferait de son bec qui aurait donné lieu à cette invention.

La Cigogne noire. *Ciconia nigra.* (Bechst.)

Cette espèce sauvage habite les forêts et les marais boisés de la Pologne. On en tue quelquefois dans notre département ; mais son passage n'est ni annuel ni régulier.

On peut voir au musée de Troyes, un beau mâle donné par madame Marcotte. M. Coffinet et M. Jourdain possèdent cette espèce, ainsi que moi. (R. R.) (H.)

Genre Ardea.

1ʳᵉ *Section*. LES HÉRONS.

Le Héron cendré. *Ardea cinerea*. (Linn.)

Le héron de Buffon est le jeune ; son héron huppé est l'adulte. Il se tient le long des rivières, et dans nos marais, à proximité des forêts, sur les arbres desquelles il va coucher tous les soirs. C'est un oiseau erratique, qui habite toutes les contrées du globe.

Il niche rarement dans nos forêts. On l'a vu, en 1841, nicher dans l'étang des Hauts-Tuileaux, forêt de Rumilly.

La graisse du héron est regardée comme un appât infaillible pour le poisson. (A. C.) (N.) (⊙.)

Le Héron pourpré. *Ardea purpurea*. (Linn.)

Buffon fait encore deux espèces de cet oiseau, en décrivant le vieux sous le nom de héron pourpré-huppé, et le jeune sous celui de héron pourpré.

Ce bel oiseau, à plumage d'un roux éclatant, habite les bords des lacs et des étangs dans le midi. On en tue presque tous les ans dans nos pays. Je ne puis pas assurer qu'il niche sur les étangs de Piney, seulement je sais que plusieurs fois on l'y a tué pendant l'époque de l'incubation, ce qui ferait croire qu'il y niche. (R.) (N. ?) (P. E.)

2ᵉ *Section*. LES BUTORS.

Le grand Butor. *Ardea stellaris*. (Linn.)

Se reconnaît facilement au milieu des espèces voisines par son gros cou et par son plumage brun-jaunâtre marqué de zigzags noirs.

Il se tient dans les joncs et dans les roseaux des étangs, des marais. On en tue tous les ans. On m'a assuré qu'il nichait dans les étangs boisés de Vendeuvre. On dit que c'est en enfonçant son bec dans la vase qu'il fait entendre son cri, que l'on a comparé au mugissement du taureau. (A. R.) (N. ?) (P. E. A.)

Le Blongios. *Ardea minuta*. (Linn.)

Il est plutôt connu des chasseurs sous le nom de petit Butor. Buffon le décrit dans trois chapitres : le vieux est son blongios de Suisse, et les jeunes sont le butor brun rayé et le butor roux.

Ce héron le plus petit du genre se tient dans les broussailles des marais, et des étangs de Piney, etc. Il niche tous les ans dans les noues que forme la Seine à St-Cyre, St-Lyé. etc. (A. R.) (N. !) (P. E. A.)

Genre Nycticorax.

Le Bihoreau à manteau noir. *Nycticorax ardeola*. (Tem.)

Le crabier roux et le Pouacre, de Buffon, sont des jeunes, plus ou moins âgés, et son bihoreau femelle est encore un jeune de deux ans, car il n'y a point de différence dans les sexes, et les trois longues plumes effilées de la nuque, qui tombent sur le dos, se voient aussi dans la femelle adulte.

Il niche en Provence dans les buissons et les joncs qui bordent les fleuves et les étangs. Il nous visite accidentellement au printemps. (R. R.) (P.) (Musée de Troyes, etc.)

Genre Platalea.

La Spatule blanche. *Platalea leucorodia*. (Linn.)

Buffon, selon l'âge, en fait deux espèces : la spatule et la spatule blanche.

Comme cet oiseau est multiplié en Hollande, Temminck a pu vérifier que la *platalea nivea*, de

Cuvier, était un jeune; aussi Cuvier a-t-il rectifié ce fait dans sa dernière édition. Son nom explique parfaitement la forme de son bec. Nous n'en connaissons que trois captures faites dans notre département, la dernière à Nogent-sur-Seine, dans l'automne de 1839. (Le Musée, mon cabinet, etc.) (R. R.) (H.)

§ 2ᵐᵉ. Les Longirostres.

Genre Ibis.

L'Ibis Falcinelle. *Ibis falcinellus.* (Tem.)

Voyez dans Buffon le Courlis vert ou Courlis d'Italie, qui est le même oiseau.

Cet Ibis était vénéré en Egypte et avait les honneurs de l'embaumement après sa mort, de même que l'Ibis sacré (*Ibis religiosa.* Cuv.), puisqu'on trouve des momies de ces deux espèces.

La racine du mot Falcinelle signifie faucille, et ce nom lui a été donné à cause de la forme de son bec. On peut voir dans le cabinet de M. Jourdain un oiseau de cette espèce pris à Ervy. C'est la seule capture que nous connaissions de cet Ibis qui habite les fleuves et les étangs du midi et du levant. (R. R.) (P.)

Genre Numenius.

Le grand Courlis. *Numenius arquata.* (Lath.)

Les oiseaux de ce genre sont reconnaissables, à leur long bec grêle et très-arqué, et à leur plumage brun grisâtre marqué de noir. Ils doivent leur nom à leur cri. (Il ne faut pas les confondre avec le courlis de terre, page 84.)

Cette espèce habite les côtes maritimes, elle est de passage très-accidentel, on n'en tue pas tous les ans. (R. R.) (H.)

Le petit Courlis. *Numenius phœopus.* (Lath.)

Il diffère du précédent par sa taille moitié moindre. Il niche dans le nord, il est de passage en hiver le long des côtes maritimes. On le rencontre dans nos marais encore plus rarement que le grand Courlis. (R. R.) (H.)

Genre Recurvirostra.

L'Avocette à nuque noire. *Recurvirostra avocetta.* (Linn.)

Cet échassier est remarquable par son long bec, flexible, se recourbant en haut. Il habite les plages inondées par la mer, en Europe.

Trois avocettes ont été tuées à Auxon, dans l'automne de 1840. M. le curé de cette commune en envoya deux au Musée de Troyes; c'est le seul exemple connu du passage de cet oiseau chez nous. (R. R.) (H.)

Genre Tringa.

Le Bécasseau Cocorli. *Tringa subarquata.* (Tem.)

Figuré dans Buffon sous le nom d'Alouette de mer.

Il vit le long des côtes maritimes et autour des lacs, quelquefois de passage le long des fleuves.

J'ai trouvé sur le marché St-Jean, à Troyes, diverses espèces de bécasseaux, mêlées à d'autres oiseaux de passage, que l'on prend de temps en temps dans les nappes des vanneaux. (R. R.) (A. P.)

Le Bécasseau Brunette. *Tringa variabilis.* (Mey.)

Ce petit échassier maritime est la Brunette, et le Cincle de Buffon.

Son plumage est très-variable selon l'âge et la saison. Il habite les marais salins, les sables de la mer. On le trouve plus souvent le long des fleuves que le précédent, surtout au printemps, époque à laquelle il revêt déjà son plumage de noces. (R. R.) (P. A.)

Le Bécasseau Temmia. *Tringa Temminckii* (Leisl.)

N'est pas décrit dans Buffon.

Cette espèce, ainsi que la suivante, est la plus petite de tous nos échassiers.

Elle niche dans le nord ; elle est de passage en France sur les bords des lacs et des rivières. J'ai tué un bécasseau temmia dans le marais de St-Germain. Cette espèce ne se méfie pas beaucoup de l'homme ; sous les yeux du chasseur, elle continue à chercher les insectes aquatiques, dont elle se nourrit. (R. R.) (A. P.)

Le Bécasseau petit. *Tringa minuta*. (Leisl).

Ne se trouve pas dans Buffon.

Habitant du nord, il est de passage le long des fleuves et des marais, où on le voit courir sur les rives. Au printemps, plutôt qu'à l'automne, on en apporte, avec d'autres oiseaux de rivage, sur le marché au gibier de Troyes. (R. R.) (P. A.)

Le Bécasseau Maubêche. *Tringa cinerea*. (Linn.)

Sous trois noms dans Buffon, suivant son plumage, variant par l'âge et avec les saisons : maubêche grise, maubêche tachetée, et maubêche.

Il niche dans les régions du cercle arctique, et l'hiver il est de passage sur les bords de la mer, mais très-rarement et tout-à-fait accidentellement sur les fleuves de la France. (R. R.) (H.)

Genre Machetes.

Le Combattant Paon-de-mer. *Machetes pugnax*. (Cuv.)

Ici, comme pour tous les oiseaux à plumage variable, Buffon a multiplié les espèces outre mesure ; car indépendamment de son Combattant, qui représente le plumage d'été, son Chevalier varié est un très-jeune Combattant, et son Chevalier commun est le plumage d'hiver de la même espèce.

Cet oiseau niche dans les vastes marais des côtes

maritimes. Au printemps les mâles se livrent de fu-
rieux combats pour la possession des femelles, et ils
se revêtent, à cette époque, d'une brillante livrée
qui varie pour chaque individu. On en prend dans
notre département tous les ans avec les Vanneaux :
ils sont même encore de passage, dans nos contrées,
au commencement d'avril, et comme leur mue de
printemps est alors assez avancée, on peut en rencontrer qui sont déjà revêtus de leur plumage de
noces, quoiqu'ils ne nichent point ici : mais leur
face n'est pas encore recouverte de papilles char-
nues. (A. C.) (A. P.)

Genre Totanus.

1re *Section.* A BEC DROIT :

Le Chevalier Arlequin. *Totanus fuscus.* (Leisl.)

C'est la Barge brune de Buffon.

Il est de passage en France le long des fleuves,
plutôt au printemps qu'à l'automne ; il niche dans
le nord.

Je l'ai déjà trouvé, mêlé à d'autres échassiers, sur
le marché de St.-Jean, à Troyes. (R. R.) (A. P.)

Le Chevalier Gambette. *Totanus calidris.* (Bechst.)

Le Chevalier rayé de Buffon est un jeune, et son
Chevalier aux pieds rouges est le plumage parfait.

Il habite les bords de la mer, et niche dans les
marais du nord. On le trouve de passage dans notre
département, à l'automne et plus régulièrement au
printemps. (A. C.) (P. A.)

Le Chevalier aux pieds verts. *Totanus stagnati-lis.* (Bechst.)

Figuré dans Buffon sous le nom de Barge grise ;
mais la description ne se rapporte point à cette espèce.

Il niche dans le nord, et est de passage le long

des fleuves. Je n'ai encore pu m'en procurer qu'un seul individu. (R. R.) (II.)

Le Chevalier Cul-blanc. *Totanus ochropus.* (Tem.)

Il est connu de nos chasseurs sous le nom de *Cul-blanc*, parce que, lorsqu'il s'envole, on distingue la blancheur de son croupion et d'une partie de sa queue.

Il habite et niche sur le sable le long de la Seine, et sur les gazons des marais. Il disparaît en partie pendant l'hiver. (A. C.) (N.) (⬤.)

Le Chevalier Sylvain. *Totanus glareola.* (Tem.)

Ressemble au précédent, mais toute sa queue est rayée de brun et de blanc. Il habite et niche en Allemagne et dans le nord. Je l'ai déjà rencontré sur le marché au gibier, et je l'ai tué aux environs de Troyes, au mois de mars. Je présume même que c'est lui que j'ai vu pendant les pontes sur les étangs de nos bois. (R. R.) (H.)

Le Chevalier Guignette. *Totanus hypoleucos.* (Tem.)

C'est la Guignette de Buffon, qui l'a figurée sous le faux nom de petite alouette de mer.

Il habite et niche sur la grève le long de la Seine et des petites rivières limpides, à St-Julien, à St-Lyé ; je ne l'ai jamais vu dans les marais. (A. C.) (N.) (P. E. A.)

2me *Section.* A Bec Retroussé.

Le Chevalier aboyeur. *Totanus glottis.* (Bechst.)

C'est la Barge grise et la Barge aboyeuse de Buffon.

Il niche dans le nord, et on le trouve en France le long des fleuves, pendant l'hiver, et souvent isolé ; je n'en ai encore trouvé que quelques individus sur le marché de Troyes. (R. R.) (A. P.)

Genre Limosa.

I La Barge à queue noire. *Limosa melanura.* (Leisl.)

La Barge commune de Buffon est le plumage d'hiver, et sa grande Barge rousse est la livrée d'été.

Cet oiseau, haut monté et à bec très-long, niche dans les marais de la Hollande ; on le rencontre dans nos marais et nos prairies tourbeuses, à la fin de l'hiver plutôt qu'à l'automne. (A. R.) (A. P.)

J La Barge rousse. *Limosa rufa.* (Briss.)

Cette espèce a le bec retroussé, comme le Chevalier aboyeur ; elle niche dans le nord de l'Europe, et opère son passage le long des côtes maritimes. Cependant j'en ai déjà rencontré sur le marché de St.-Jean, à Troyes. (R. R.) (A. P.)

Genre Scolopax.

1re *Section.* **A TIBIA EMPLUMÉ.**

J La Bécasse. *Scolopax rusticola.* (Linn.)

Ce gibier recherché est parfaitement connu. Il en niche tous les ans quelques-unes dans nos forêts à terrain noir et humide. Mais au passage de novembre et à la fin de mars, nous voyons beaucoup de bécasses, et on les chasse surtout à l'affût. (C.) (N.) (◉.)

2me *Section :* **A TIBIA EN PARTIE DÉNUDÉ.**

La Bécassine. *Scolopax gallinago.* (Linn.)

Habite nos marais, nos prairies tourbeuses ; quand on se promène dans les environs de son nid, elle fait entendre, du haut des airs, un cri perçant qu'on peut comparer au chevrotement de la chèvre. Il en arrive souvent de forts passages, au mois d'août. Elle disparaît en partie l'hiver. (C.) (N.) (◉.)

La Bécassine sourde. *Scolopax gallinula.* (Linn.)

Les chasseurs l'ont nommée *Sourde* parce qu'elle

est difficile à lever et qu'elle ne part que sous le nez du chien.

Elle est bien plus petite que la précédente. On la rencontre de même dans les marais, et quelquefois dans les vignes. Elle niche dans le nord. Cependant des œufs, trouvés dans nos marécages, ont été reconnus par M. Des Murs, de Paris, pour appartenir à cette espèce. (A. C.) (N.?) (◉.)

§ 3ᵉ. LES MACRODACTYLES.

Genre Rallus.

Le Râle d'eau. *Rallus aquaticus.* (Linn.)

Il est bien facile à distinguer du *Râle de genêt,* par son long bec et ses habitudes tout aquatiques.

Il habite les marécages couverts de broussailles et de hautes herbes, au milieu desquelles il se coule et d'où il est difficile à faire envoler. (A. C.) (N.) (◉.)

Genre Gallinula.

1ʳᵉ *Section*. SANS PLAQUE SUR LE FRONT.

Le Râle de genêt. *Gallinula crex.* (Lath.)

Les chasseurs le nomment aussi *Roi-de-Cailles.* parce qu'on prétend que les cailles émigrent sous sa conduite.

Il habite les taillis, les hautes herbes des plantations humides, où il niche ; en septembre, il se répand dans les champs. (C.) (N.) (P. E. A.)

La Marouette. *Gallinula porzana.* (Lath.)

Est bien reconnaissable par son manteau brun olivâtre, ponctué de blanc.

Elle habite les marais, les bords herbus des rivières. J'en ai quelquefois rencontré des nichées, à St.-Pouanges. (A. R.) (N.) (P. E.)

La Poule d'eau Poussin. *Gallinula pusilla.* (Bechst.)

Etait inconnue à Buffon.

Cette espèce est encore plus petite que la ma-rouette. Elle est commune dans le midi.

Elle habite les marais, où elle est très-difficile à trouver, mais on n'en voit pas tous les ans ici. (R. R.) (N. ?) (P.)

2e *Section*. **A Plaque Frontale.**

La Poule d'eau ordinaire. *Gallinula choropus.* (Lath.)

La poulette d'eau, de Buffon, est un jeune, qui n'a pas encore la plaque du front développée.

La poule d'eau vit dans les roseaux et les joncs des rivières, des étangs et des marais de tout le département. (C.) (N.) (◉.)

6me ET DERNIER ORDRE. — **Les Palmipèdes.**

1re **FAMILLE.** — *A PIEDS PALMÉS.*

(Vrais-Palmipèdes.)

§ 1er. Les Lamellirostres.

Genre Cycnus.

Le Cygne sauvage. *Cycnus musicus.* (Temm.)

On distingue facilement ce gracieux palmipède du suivant, par la base du bec qui est jaune, tandis que le cygne domestique a une protubérance noire sur le bec. On lui a donné l'épithète de *Musicus,* parce que les poètes de l'antiquité attribuaient à cet oiseau les chants les plus mélodieux, quand il était près de mourir.

Il habite les régions du cercle arctique, mais, presque tous les hivers, il est de passage dans nos contrées, et principalement dans les hivers rigou-reux. (A. R.) (H.)

Le Cygne domestique. *Cycnus olor.* (Temm.)

5

Celle espèce habite et niche dans les contrées orientales de l'Europe ; elle est de passage l'hiver, en Provence.

Dans nos climats, on l'a rendue domestique, pour en faire l'ornement des eaux des jardins et des parcs. (A. R.)

Genre Anser.

L'Oie cendrée. *Anser ferus.* (Temm.)

Variété constante : l'Oie domestique.

Celte oie a encore été nommée *Première*, parce qu'elle est la souche de celle que nous élevons en domesticité. Une industrie, qui s'exerce surtout en Alsace, consiste à priver les oies de mouvement, d'eau et de lumière, pour obtenir ces foies volumineux qui font les délices des gastronomes.

Elle habite les mers et les marais du nord et du levant ; ses phalanges, alignées en forme de V, ne nous visitent pas tous les ans. (A. R.) (H.)

L'Oie sauvage. *Anser segetum.* (Temm.)

Peut se distinguer par son bec noir, coloré de jaune dans le milieu, tandis que chez la précédente le bec est tout entier de couleur orange.

Elle niche très-avant dans le nord, et émigre périodiquement dans nos contrées tempérées. On voit tous les hivers ses bandes nombreuses former des figures régulières dans les airs, et sembler obéir à un chef. (A. C.) (H.)

L'Oie rieuse. *Anser albifrons.* (Temm.)

L'épithète de rieuse lui a été donnée soit à cause de son cri qui imite, dit-on, un ricanement, soit à cause des plumes blanches de la base du bec, qui lui donnent une physionomie particulière.

Elle habite les marais du cercle arctique, et son passage est assez irrégulier dans le centre de la France. Nos canardiers en tuent de temps en temps sur les étangs. (Musée de Troyes, mon cabinet.) (R.) (H.)

Le Cravant. *Anser bernicla.* (Temm.)

Cette oie habite des régions toujours glacées ; elle est très-accidentellement de passage en France dans les hivers rigoureux, et rare surtout sur les fleuves de l'intérieur. (Cabinet de M. Jourdain.) (R. R.) (H.)

La Bernache. *Anser leucopsis.* (Temm.)

La fable l'a fait naître successivement du fruit d'un arbre, et d'une coquille marine (l'anatif). C'est par suite de cette opinion erronée que les Conciles autorisèrent l'usage de cet oiseau en carême, usage qui, plus tard, s'est étendu aux autres canards.

Elle niche, comme ses congénères, dans les contrées les plus reculées du nord ; dans les grands hivers, elle émigre le long des côtes maritimes, et plus rarement dans l'intérieur des terres. (Cabinet de M. Jourdain.) Je possède une bernache qui a été tuée, en 1840, au-dessous de Nogent-sur-Seine. (R. R.) (H.)

L'Oie d'Egypte. *Anser ægyptiacus.* (Mey.)

Ce bel oiseau, qui habite l'Afrique, était vénéré des Egyptiens, à cause de son attachement pour ses petits ; on en retrouve la figure sur leurs monuments. On l'a tué à des époques irrégulières dans plusieurs provinces voisines, mais on ne l'a pas encore observé dans notre département. On l'élève aussi en domesticité pour l'ornement des bassins. (R. R.)

Genre Anas.

1re *Section.* A POUCE NON MEMBRANÉ.

Le Canard musqué. *Anas moschata.* (Linn.)

On le nomme ordinairement *Canard de Barbarie*, mais à tort, puisqu'il est originaire de l'Amérique. Son nom de musqué lui vient de l'odeur qui lui est communiquée par l'humeur que secrètent les glandes du croupion, et dont il enduit son plumage ; pour le manger il faut avoir soin d'enlever cette partie.

On l'élève en domesticité dans les basses-cours, et l'esclavage détériore tous les jours ses formes primitives. (A. C.)

Le Canard sauvage. *Anas boschas.* (Linn.)

Variété constante : le Canard domestique.

Il habite toute l'année les grands étangs du département, et tous les hivers il en arrive de grandes bandes des pays du nord. Les jeunes qui commencent à voler sont nommés *Halbrans* par les chasseurs. Si on l'élève en domesticité, une nourriture abondante, qu'il trouve facilement, lui a bientôt fait perdre son énergie et la faculté de voler, et, comme dans les autres animaux domestiques, les générations qui suivent revêtent un plumage toujours varié entre les divers individus. (C.) (N.) (◉.)

Le Canard Tadorne. *Anas tadorna.* (Linn.)

Son beau plumage offre les couleurs du chat tricolore, c'est-à-dire, le noir, le blanc et le roux vif.

Il niche dans des trous ou dans des fentes, sur les côtes de l'Océan, et est de passage très-accidentel sur les fleuves de l'intérieur, jamais par bandes, mais par couples. Au mois de janvier 1840, on en a apporté plusieurs fois des environs chez les restaurateurs de Troyes. (R. R.) (H.) (Mon cabinet.)

Le Canard Chipeau. *Anas strepera.* (Linn.)

Il habite les marais du nord de l'Europe, et on en tue presque tous les hivers sur nos grands étangs ; on le trouve quelquefois sur le marché au gibier à Troyes. (A. R.) (H.)

Le Canard à longue queue. *Anas acuta.* (Lin.)

Sa queue pointue rend ce canard très-reconnaissable.

Il habite le nord, et tous les ans il se rend dans le

midi. On en voit tout l'hiver sur le marché de Saint-Jean ; sa chair n'est jamais grasse, comme celle des autres canards. (A. C.) (H.)

Le Canard Siffleur. *Anas penelope*. (Linn.)

Quand nos oiseaux indigènes vont dans le midi, il en arrive aussitôt du nord pour les remplacer, et au moyen de ces pérégrinations régulièrement ordonnées, nos climats ne sont jamais dépeuplés : aussi voyons-nous tous les ans les différentes espèces de canards, principalement le siffleur, sur nos étangs et sur nos rivières ; pendant certains hivers il est très-abondant. (A. C.) (H. P.)

Le Canard Souchet. *Anas clypeata*. (Linn.)

Son large bec, en forme de spatule ou de cuiller, offre un caractère qui fait distinguer, facilement cette espèce.

Il habite la Hollande. Tous les ans on en apporte sur le marché de Troyes, avec les autres canards tués sur nos étangs et sur nos rivières. C'est un gibier estimé, qui est indiqué sous le nom de *Rouge-de-Rivière*, sur les cartes des restaurateurs, à cause de la couleur de son ventre. (A. C.) (H.)

La Sarcelle d'hiver. *Anas crecca*. (Linn.)

C'est la petite Sarcelle de Buffon. Elle est bien connue des chasseurs sous le nom de *Racanette*.

Le mâle a la tête marron, et la femelle ressemble à la cane, sauf sa petite taille. Tous les hivers il en arrive du nord des bandes qui viennent se joindre à celles qui nichent dans nos marais et nos étangs. Elle niche même dans les tourbières, à St.-Pouanges. Elle était domestique chez les Romains. (A. C.) (N.) (●.)

La Sarcelle d'été. *Anas querquedula*. (Linn.)

Buffon fait de la femelle une deuxième espèce sous le nom de Sarcelle commune.

On peut facilement distinguer cette espèce de la

précédente par la seule inspection du miroir de l'aile ; dans cette espèce, il est vert cendré, tandis que dans la sarcelle d'hiver, il est moitié noir, moitié vert foncé.

Je n'ai jamais vu cette espèce que dans les mois de mars et d'avril, et j'ignore si elle niche chez nous. (A. R.) (N. ?) (P.)

2me *Section*. **A Pouce portant une Membrane.**

Le Canard Macreuse. *Anas nigra.* (Linn.)

Il est bien facile à distinguer des autres canards, car son plumage est entièrement noir.

Cet oiseau, qui niche dans le nord, est abondant sur nos côtes maritimes, à son double passage ; mais on le rencontre plus rarement dans l'intérieur de la France. (Le cabinet de M. Jourdain et le mien.) (R. R.) (H.)

Le Canard Milouinan. *Anas marila.* (Linn.)

La tête du mâle est d'un noir à reflets verdâtres. Ce canard niche tout-à-fait dans le nord, et se montre de passage très-irrégulier dans nos contrées. Cependant je l'ai remarqué plusieurs fois sur notre marché au gibier. (A. R.) (H.)

Le Canard Milouin. *Anas ferina.* (Linn.)

Nos marchands de gibier le connaissent sous le nom de *Rouget*, à cause de sa tête, qui est d'un roux rougeâtre.

Il habite le nord, et on le trouve avec les autres espèces de canards presque tous les hivers sur nos étangs ou dans les tournants des rivières. (A. C.) (H.)

Le Canard Garot. *Anas glangula.* (Linn.)

Une tache blanche, de chaque côté du bec, tranche fortement sur le noir violacé de la tête du mâle.

Ce canard habite le nord, et est de passage périodique sur les côtes maritimes ; mais il se trouve irrégulièrement dans nos climats, surtout le vieux mâle. (R.) (H.)

Le Canard Morillon. *Anas fuligula*. (Linn.)

Buffon en fait trois espèces ; mais son petit Morillon et son Canard brun sont des femelles et des jeunes.

Toutes les petites espèces de canards sauvages, comme celui-ci, le précédent et les femelles de plusieurs autres, sont confondues vulgairement sous le nom commun de *Tiers*, parce qu'elles sont un tiers plus petites que le canard sauvage.

Le Morillon niche dans le nord ; mais on en trouve tous les hivers sur le marché de Troyes, surtout des jeunes. (A. C.) (H.)

Le Canard à iris blanc. *Anas leucophtalmos*. (Bechst.)

C'est la Sarcelle d'Egypte de Buffon.

Le plumage du mâle est d'un beau roux rougeâtre ; mais, jeune ou femelle, on peut toujours reconnaître ce canard à la petite tache blanche du dessous du bec.

Il habite les contrées orientales de l'Europe et se trouve de passage accidentel sur nos étangs ou nos rivières. On peut le voir au Musée de Troyes. J'en ai aussi plusieurs dans mon cabinet. (R. R.) (H.)

Genre Mergus.

Le grand Harle. *Mergus Merganser*. (Linn.)

Les trois palmipèdes de ce genre sont caractérisés par leur long bec, dentelé en scie, et qui leur sert merveilleusement à pêcher le poisson dont ils se nourrissent. Ils nagent souvent le corps submergé.

Cet oiseau habite les régions boréales, et n'émigre que par les grands froids. On en tue de temps en temps sur la Seine. (Cabinets du Musée, de M. Jourdain, le mien.) (R. R.) (H.)

Le Harle huppé. *Mergus serrator*. (Linn.)

Le Harle à manteau noir de Buffon, est le même que son Harle huppé ; l'âge seul en fait la différence.

Cet oiseau habite le nord, et son passage a lieu le long des côtes de l'Océan. Il est très-accidentellement de passage dans notre département, surtout le vieux mâle. (Cabinets de M. Lenfant, de M. Jourdain, le mien). (R. R.) (H.)

Le Harle Piette. *Mergus albellus*. (Linn.)

Habite le nord, et tous les hivers il est de passage en France. Les vieux en plumage parfait sont rares dans nos contrées, ; mais tous les hivers on en trouve des jeunes sur le marché au gibier de Troyes. Dans cet état c'est le Harle étoilé de Buffon. (A. R.) (H.)

§ II. Les Longipennes.

Genre Sterna.

L'Hirondelle de mer Pierre-garin. *Sterna hirundo*. (Linn.)

Les oiseaux de la tribu des Longipennes sont excellents voiliers, et le nom d'*Hirondelle de mer* a été donné à ce genre-ci à cause de son vol aisé et presque continuel.

Le Pierre-garin habite les côtes de l'Océan, et, après de grands coups de vent, il s'égare parfois jusque dans nos contrées ; on le rencontre alors le long de la Seine. (R. R.) (H. P.)

L'Hirondelle de mer Épouvantail. *Sterna nigra*. (Linn.)

L'hirondelle de mer à tête noire, ou Gachet de Buffon, est le plumage d'hiver ; la Guifette noire, ou Epouvantail, est le plumage d'été, et le jeune est figuré sous le nom de Guifette.

Cette espèce, petite et noirâtre, habite les grands marais et les lacs de l'Europe ; on en voit de temps à autre sur la Seine, et il serait possible qu'elle y nichât, car je l'ai vue l'été. Je possède ses divers plumages. (R. R.) (⬤. ?)

Genre Larus.

1re *Section.* LES GOÊLANDS.

Le Goêland à pieds jaunes. *Larus flavipes.* (Mey.)

On ne peut appliquer avec certitude à cet oiseau aucune des descriptions de Buffon.

Ce genre se distingue du précédent par son bec crochu : les hirondelles de mer l'ont droit.

Il se trouve sur les côtes maritimes. Après quelques tempêtes, les jeunes s'égarent parfois sur les fleuves de l'intérieur; mais les adultes ne se rencontrent jamais sur la Seine. (R. R.) (A. H.)

2e *Section.* LES MOUETTES.

La Mouette à pieds bleus. *Larus canus.* (Linn.)

C'est la Mouette à pieds bleus, ou grande Mouette cendrée de Buffon ; mais sa Mouette d'hiver n'est qu'un jeune de la même espèce. C'est seulement dans ce plumage qu'on en voit accidentellement sur la Seine, où ils ont été sans doute amenés par un coup de vent. (Catalogue de la Faune de l'Aube, par M. Jourdain, mon cabinet, etc.) (R. R.) (A. H.)

La Mouette rieuse. *Larus ridibundus.* (Leisl.)

Le petit Goêland de Buffon semble représenter le plumage d'hiver, et sa Mouette rieuse est le plumage d'été, quand elle a revêtu le capuchon brun, qui indique le moment des noces.

On la nomme *Rieuse*, à cause de son cri. Elle est commune le long des côtes maritimes et dans les marais salins. On en tire tous les ans ·sur nos rivières, où les jeunes se trouvent parfois dès le mois de juillet. (R.) (A. H. P.)

La Mouette à trois doigts. *Larus tridactylus.* (Lath.)

Le jeune seulement est décrit dans Buffon ; c'est sa Mouette cendrée tachetée.

L'inspection du pouce, qui ne consiste qu'en un moignon sans ongle, fait avec certitude reconnaître cette Mouette.

Elle niche dans le nord, et vient sur nos côtes en hiver. En janvier 1840, après un ouragan qui dura plusieurs jours, on tua dans notre département une grande quantité de ces Mouettes. Plusieurs ont été trouvées mortes, épuisées par la faim et la fatigue ; d'autres, étendues sur les bords de la Seine, se laissaient prendre facilement, tant elles étaient fatiguées. On m'en envoya de Nogent, de Brienne, de Romilly, etc. C'est le seul passage accidentel que l'on connaisse de cet oiseau de mer chez nous. (R. R.) (H.)

Genre Lestris.

Le Stercoraire de Buffon. *Lestris Richardsonü.* (Swain.)

Cet oiseau niche dans les régions boréales, et habite les rochers de la mer, où il poursuit sans cesse les Mouettes, pour les forcer de lâcher les poissons qu'elles tiennent dans leur bec, et qu'il rattrape au vol. C'est de cette habitude qu'est venu le nom de stercoraire, parce qu'on avait supposé qu'il se nourrissait de la fiente des autres oiseaux, et que c'était pour cela qu'il les suivait.

Les jeunes, seuls, et avant qu'ils aient les filets à la queue, sont jetés par des ouragans dans nos contrées. On peut en citer à peine quatre exemples. Un stercoraire fut trouvé mort près de Buccy, il y a plusieurs années. M. Simonnot et M. Arnoult, à Troyes, en possèdent deux jeunes : le dernier fut tué dans l'automne de 1841. (R. R.) (H.)

§ III. Les Totipalmes.

Genre Carbo.

Le grand Cormoran. *Carbo cormoranus.* (Mey.)

Cet oiseau marin, grand destructeur de poisson, a la singulière faculté de nager le corps entièrement submergé, et son caractère saillant est d'avoir le pouce réuni dans une membrane avec les doigts de devant.

Il habite les côtes maritimes, et ne se trouve qu'accidentellement et après de fortes tempêtes sur nos étangs et le long de la Seine. Deux Cormorans, qui commençaient à revêtir le plumage de noces, tués sur les étangs de Vendeuvre, se trouvent dans le cabinet de M. Gaston de Mesgrigny. (A. R.) (H. P.)

§ IV. Les Plongeurs.

Genre Colymbus.

Le Plongeon Lumme. *Colymbus arcticus.* (Linn.)

Les plongeons semblent avoir reçu l'onde pour unique demeure; leur dépouille est précieuse pour les peuplades pauvres du nord, auxquelles elle sert de vêtement.

Ils nichent dans les mers arctiques, et sont de passage l'hiver sur les côtes de France; les jeunes seuls s'égarent dans l'intérieur. Nous ne connaissons que deux exemples de passage chez nous : un Plongeon Lumme fut tué à Nogent-sur-Seine, il y a plusieurs années, et un autre, tué en novembre 1839, se trouve dans la collection de M. Gaston de Mesgrigny, à Briel; mais ces plongeons n'avaient pas encore la gorge noire des vieux. (R. R.) (H.)

Le Plongeon Cat-marin. *Colymbus septentrionalis.* (Linn.)

L'adulte est le Plongeon à gorge rouge de Buffon, et les jeunes, à divers âges, sont décrits sous les noms de Plongeon Cat-marin et de petit Plongeon.

Cet oiseau niche dans le nord ; à l'automne, il est de passage sur nos côtes maritimes. On tue parfois des jeunes sur nos étangs et sur la Seine. J'en ai déposé un au Musée. (R. R.) (H.)

2e FAMILLE. — *A PIEDS FESTONNÉS.*

(Pinnatipèdes.)

Genre Podiceps.

Le Grèbe huppé. *Podiceps cristatus.* (Lath.)

Le Grèbe huppé se trouve sous trois rubriques différentes dans Buffon : l'adulte est son Grèbe cornu, et les jeunes d'un et de deux ans sont le Grèbe huppé et le Grèbe.

Les Grèbes, remarquables par leur grande facilité pour nager, savaient fort bien, par une submersion subite, éviter le plomb, en voyant briller l'amorce des anciens fusils à silex.

Leur plumage, à éclat demi-métallique, est employé comme fourrure.

Le Grèbe huppé habite les bords de la mer, mais aussi les étangs de l'intérieur, et, quand il gèle, on le trouve sur les rivières. (R.) (N.) (◉.)

Le Grèbe Jougris. *Podiceps rubricollis.* (Lath.)

Son nom lui vient de ses joues d'un gris de souris, dans l'adulte. Il se voit sur les lacs et les étangs de l'Europe orientale. Il est rare en France. Les jeunes seuls viennent nous visiter accidentellement. (Mon cabinet.) (R. R.) (H.)

Le Grèbe Castagneux. *Podiceps minor.* (Lath.)

On le nomme vulgairement *petit Plongeon,* mais à tort, car les Plongeons ont les pieds palmés, et dans le Castagneux, les doigts sont seulement bordés de membranes comme chez les autres grèbes.

Il habite les noues de la Seine, les étangs, où parfois j'ai trouvé son nid. Les jeunes sont communs à

Troyes, sur le marché au gibier, pendant l'hiver ;
mais les vieux, à gorge d'un marron vif, sont rares.
(A. C.) (N.) (◉.)

Genre Fulica.

La Foulque Morelle. *Fulica atra.* (Linn.)

Buffon fait, du jeune et du vieux, deux espèces,
sous les noms de Foulque et de Macroule.

Cet oiseau, d'un noir ardoisé, a quelques rapports
avec la Poule d'eau. Il habite et niche dans les roseaux des étangs et des marais. Quand il gèle, il se
répand sur les rivières. (C.) (N.) (◉.)

3ᵉ CLASSE. — Les Reptiles.

1ᵉʳ Ordre.	Les Chéloniens,	»
2ᵉ Ordre.	Les Sauriens,	5
3ᵉ Ordre.	Les Ophidiens,	5
4ᵉ Ordre.	Les Batraciens,	15
	Total,	25 espèces,

non compris celles fossiles.

1ᵉʳ ORDRE. — Les Chéloniens.

Les tortues terrestres et les tortues maritimes habitent les contrées chaudes. Elles n'existent point
par conséquent dans notre département. Cependant
des vertèbres et autres débris fossiles trouvés à Créney, dans la craie, au mois de juillet 1838, ont été
reconnus par M. Laurillard, de Paris, comme appartenant à une espèce de tortue de mer.

2ᵉ ORDRE. — Les Sauriens.

(Les crocodiles sont les reptiles placés au commencement

de cet ordre : on en a déjà trouvé de fossiles en France, mais pas encore sur notre territoire.)

1re FAMILLE. — *LES SAURIENS A QUATRE PIEDS.*

Genre Lacerta.

Le Lézard vert. *Lacerta viridis.* (Daud.)

Sa variété à deux raies est le plus souvent la femelle ; Daudin en avait fait une espèce sous le nom de *Lacerta bilineata.*

Ce lézard est bien connu dans l'arrondissement de Bar-sur-Seine, sous le nom de *Verdret.* C'est le plus grand de nos lézards, car il mesure jusqu'à 0^m, 30. On le rencontre sur les coteaux pierreux du sud-est de notre département, et sa fuite est des plus rapides. (A. C. à Bar-sur-Seine, aux Riceys.)

La queue des lézards se rompt assez facilement, mais l'animal ne semble pas souffrir de cette perte qui est bientôt réparée.

Le Lézard des souches. *Lacerta Stirpium.* (Daud.)

Le *Lacerta arenicola* du même auteur est la femelle qui a les taches du dos plus marquées.

Ce lézard se distingue des autres par sa livrée œillée en dessus, c'est-à-dire par des taches blanches entourées de noir. On le trouve sur les chemins herbus qui séparent le territoire des communes, dans les broussailles et dans les petits bois. Au moindre bruit il se précipite dans son trou percé en terre.

Je l'ai rapporté de Créney, d'Estissac, de la Grange-l'Evêque, etc. (A. C.)

Le Lézard des murailles. *Lacerta muralis.* (Dug.)

Daudin en a fait encore deux espèces sous les noms de *Lacerta agilis* et *Lacerta maculata.* Le nom d'*agilis*, ayant été donné tantôt à l'un, tantôt à l'autre de nos lézards, doit être proscrit. Linnée les confondait sous ce nom.

Pour la grosseur celui-ci vient le troisième. Il habite principalement les murs exposés au midi, et aussi les coteaux pierreux. Les enfants du peuple regardent la possession de sa queue comme devant *porter bonheur*, et pour cela ils la conservent quelquefois dans leur poche comme une amulette.

On voit ce lézard à Troyes sur le rempart de la Tour-Boileau, et à Bar-sur-Seine sur les friches, etc. (C. C.)

Le Lézard vivipare. *Lacerta vivipara.* (Jacq.)

C'est aussi le *Lacerta schreibersiana* de Mil. Edw. On l'a nommé vivipare, parce que les œufs éclosent dans le corps de la femelle.

Ce lézard nouvellement observé en France est à peu près de la longueur de celui des murailles, mais de structure bien plus délicate ; il en diffère par les bandes brunes uniformes de son dos qui est recouvert de petites écailles oblongues et non granuleuses comme dans celui des murailles ; celui-ci n'a que six rangées de plaques ventrales, tandis que le vivipare a de chaque côté des flancs des écailles assez grandes qui forment deux rangées de plus.

Je l'ai observé dans une partie sèche et couverte de buissons du marais d'Argentolles. Je l'ai rapporté aussi des endroits desséchés du marais de Saint-Pouange. Chez nous il n'habite donc point les montagnes, comme on l'a indiqué pour d'autres pays. (R.)

Genre Plesiosaurus. (?)

Une énorme vertèbre lombaire, trouvée dans le calcaire à gryphées-virgules, à Amances près Bar-sur-Aube, paraît avoir appartenu à un *Plesiosaurus* (Cuv.), reptile antédiluvien qui habitait les mers et qui parvenait à une longueur de six à huit mètres ; ses pieds formaient d'immenses nageoires ou palettes dont la nature vivante ne nous offre plus d'exemple analogue. (Musée de Troyes.) J'ai encore vu chez M. Des Etangs une vertèbre semblable, venant aussi de Bar-sur-Aube.

2me FAMILLE. — *LES SAURIENS SANS MEMBRES EXTÉRIEURS.*

Genre Anguis.

L'Orvet fragile. *Anguis fragilis.* (Linn.)

L'*Anguis erix* de Linné n'est qu'un jeune ayant encore les lignes noires sur le dos.

Ce genre avait été placé parmi les ophidiens ou serpents, mais l'anatomie y indique à l'intérieur un sternum et des vestiges de pieds, ce qui le rapproche des sauriens.

L'Orvet est connu chez nous sous le nom de *Lanceau*, et l'on prétend vulgairement qu'il est aveugle, ce qui est une erreur des plus matérielles. De combien de crimes cet innocent reptile n'est-il pas accusé dans nos campagnes? et cependant sa bouche peu fendue et tout-à-fait dépourvue de dents à venin n'a jamais essayé de mordre; on a mis sans doute sur son compte les malheurs causés par la vipère. L'épithète de fragile lui vient de ce que quand on le prend il se raidit avec tant de force que sa queue se brise encore plus facilement que celle des lézards. On le rencontre dans les prés secs et dans les bois. (A. C.)

OBSERVATION. Cinq grosses vertèbres fossiles, trouvées ensemble à Amances, ne sont pas encore déterminées. Elles proviennent probablement de reptiles dont l'espèce ne se rencontre plus vivante, peut-être de Sauriens. (Musée de Troyes.)

On a trouvé à Créney, dans la craie sans silex, en mai 1842, une côte de Saurien avec d'autres ossements fossiles que je mentionnerai en parlant du genre sphyræna des poissons, page 124. (Musée de Troyes).

3ᵉ ORDRE. — **Les Ophidiens.**

1ʳᵉ FAMILLE. — *LES SERPENTS NON VÉNIMEUX.*

Genre Tropidonotus.

La Couleuvre à collier. *Tropidonotus natrix.* (Kuhl.)

C'est le *Coluber natrix* des anciens auteurs.

Les trois taches blanches caractéristiques qu'elle porte sur le cou sont peu marquées quand il y a long-temps qu'elle a changé de peau. C'est cette espèce que l'on mange dans quelques pays, sous le nom d'*anguille des haies ;* mais chez nous elle n'est point recherchée comme aliment. Quand elle est en colère, il suinte d'entre les écailles du ventre une humeur fétide.

On la trouve dans les bois et surtout autour des marais, car elle nage bien et se tient dans l'eau pendant la chaleur. (C. C.)

(Dans les campagnes on accuse la couleuvre à collier d'entrer dans les étables pour sucer le lait des vaches ; nous ne voyons rien dans son organisation qui puisse faire croire à la possibilité de ce fait ; car quels seraient ses moyens de succion ? Est-elle douée de lèvres mobiles capables de faire le vide ? Les petites dents aigues qui garnissent son palais blesseraient d'ailleurs le pis auquel elles voudraient s'attacher , et l'animal se débarrasserait bien vite du reptile. Au reste, il est évident qu'un estomac de couleuvre, qui contient à peine quelques cuillerées de lait, ne peut tarir le pis d'une vache, comme on le prétend. Mais nous ne voulons pas dire que les couleuvres n'aiment pas le lait ; au contraire, celles que l'on tient en domesticité en lèchent volontiers, de même que les lézards.)

La Couleuvre vipérine. *Tropidonotus viperinus.* (Boié).

5.

C'est le *Coluber viperinus* de Latreille.

La distribution des taches noires sur la tête, en forme de V, la font ressembler à la vipère, de là son nom de vipérine; mais elle en diffère par ses flancs portant des taches œillées, et par son ventre tacheté comme un damier. On la rencontre dans les endroits pierreux, le long des ruisseaux, car ses habitudes sont encore bien plus aquatiques que celles de la précédente.

Pendant la chaleur elle se tient sous les pierres dans l'eau, pour se rafraîchir et y chercher sa nourriture. Le seul échantillon que j'aie vient des environs de Chaource. (R. R.)

Genre Coronella.

La Couleuvre lisse. *Coronella austriaca.* (Laur.)

Ou *Coluber austriacus.* (Gmel.) *Coluber lævis.* (Lac.)

Elle est appelée lisse parce que les écailles ne sont point carénées comme dans le genre précédent. Elle est d'un gris roussâtre et porte une moustache noire derrière les yeux. Par là elle peut ressembler à la vipère; mais on distinguera celle-ci par son nez retroussé.

Elle habite les forêts. M. Jourdain l'a rencontrée à Ervy. Je l'ai rapportée de la forêt d'Othe et des Riceys. (A. R.)

Genre Zamenis.

La Couleuvre verte et jaune. *Zamenis viridi-flavus.* (Wag.)

C'est le *Coluber atro-virens.* (Lacep.)

Son nom explique un peu les couleurs de cette belle espèce tachée de jaune sur un fond noir en dessus et à ventre verdâtre. C'est la plus grande de nos couleuvres, car elle peut avoir un mètre cinquante centimètres de longueur. On la trouve dans plusieurs départements voisins, mais je n'ai pas eu l'occasion de la remarquer chez nous; on m'a assuré qu'elle se trouvait dans les bois montagneux de Clairvaux. (R. R. ?)

2ᵐᵉ FAMILLE. — *LES SERPENTS VÉNIMEUX.*

La Vipère commune. *Vipera aspis.* * (Merr.)

Linnée en avait fait deux espèces : *Coluber berus* et *Coluber aspis.*

Le nom de vipère lui vient de *viviparus*, parce que les œufs éclosent avant d'avoir été pondus. Sa langue bifide passe dans le vulgaire pour être *le dard qui donne la mort*, ce qui est une erreur grossière ; car le venin réside dans deux dents fines et allongées, arquées en dedans et placées à la mâchoire supérieure. L'animal irrité a la faculté de faire sortir de ses gencives ces crochets qui, percés d'un petit canal, instillent le venin chez son ennemi.

Quand on est mordu par une vipère, il faut laver la plaie, la faire saigner en l'ouvrant, la cautériser par l'ammoniaque ou par le beurre d'antimoine, et dans cette prévision nos chasseurs font bien d'en porter un flacon avec eux ; on recommande la succion de la plaie, et la ligature du membre au-dessus de la morsure, en attendant l'arrivée du médecin. En cas d'absence de ce dernier, on doit employer l'application immédiate d'une ventouse, et tâcher de provoquer la sueur, en faisant boire quelques gouttes d'ammoniaque dans un verre d'eau, etc.

Le venin est des plus délétères, introduit dans les veines, mais il ne produit rien appliqué sur les membranes muqueuses ; aussi peut-on, sans danger, sucer la plaie de la morsure, pourvu que la bouche soit saine. On comprend en effet facile-

---

* On ne confondra pas notre *Vipera aspis* avec l'aspic de Cléopâtre (*Vipera haje*, Cuv.), serpent venimeux d'Afrique, célèbre par la mort de cette reine, et que les jongleurs d'Égypte savent changer en bâton, en lui pressant la nuque avec les doigts.

ment que, s'il en était autrement, la vipère s'empoisonnerait elle-même en se nourrissant des animaux qu'elle a tués. D'après les expériences de l'abbé Fontana, la vipère ne contiendrait pas assez de venin pour tuer un homme. Cependant on cite plusieurs cas de mort. Ces expériences demandent donc à être reprises.

Il est bon de savoir que la vipère est le seul reptile de notre pays qui soit dangereux ; mais l'effroi qu'elle inspire par les terribles accidents qu'elle peut causer a rejailli sur tous les autres reptiles, quelqu'inoffensifs qu'ils soient.

C'est cette espèce qui habite la forêt de Fontainebleau : chez nous elle se trouve sur les coteaux et dans nos bois rocailleux exposés au midi. (A. R. à Bouilly, Estissac ; C. à Bar-sur-Seine, aux Riceys.)

4ᵉ ET DERNIER ORDRE. — **Les Batraciens.**

1ʳᵉ FAMILLE. — *LES ANOURES (ou sans queue).*

Genre Rana.

La Grenouille verte. *Rana esculenta.* (Linn.)

Les jeunes de cette espèce et de tous les Batraciens ont une structure particulière, et sont nommés *Têtards*.

On connaît le cri fatiguant de cette grenouille qui peuple les eaux dormantes. Sa chair délicate et assez estimée se vend sur nos marchés avec celle de la suivante. On la distinguera par les trois plis jaunes formés par la peau du dos. (C. C.)

(La grenouille est célèbre par les découvertes d'électricité dont elle fut la cause. On sait en effet comment, il y a cinquante ans, Galvani, physicien de Bologne, crut découvrir un fluide particulier, qu'on nomma *galvanisme,* mais dont Volta, au moyen d'expériences faites avec la pile qui porte son nom, prouva l'identité avec le fluide électrique.)

La Grenouille rousse. *Rana temporaria.* (Linn.)

Le nom de *Temporaria* vient à cette espèce de ce qu'elle porte sur les tempes une grande tache noire. Ses couleurs varient beaucoup, et ses pieds sont peu palmés; aussi elle n'habite les eaux que pendant l'hiver et pour la reproduction. On la rencontre ordinairement dans les lieux frais et ombragés, et quelquefois dans les lieux secs et élevés. Ce qui permet aux Batraciens de s'éloigner parfois des marais, c'est qu'ils ont une petite vessie, ou plutôt un petit réservoir intérieur qui absorbe de l'eau pendant la rosée, et qui distribue ensuite la fraîcheur, sans laquelle ils ne peuvent vivre. (C. C.)

Genre Pelodytes.

La Grenouille ponctuée. *Pelodytes punctatus.* (Ch. Bonap.)

Les sexes forment deux espèces dans Daudin : *Rana punctata,* et *Rana plicata.*

Ce nouveau genre, établi par le prince de Musignano, ne contient que cette espèce rare, et qui ne se trouve guères qu'en France. Son épithète explique parfaitement les taches verdâtres (noirâtres après la mort) qui recouvrent son dos et ses cuisses sur un fond livide; ses longs doigts présentent des indices de pelottes : aussi sait-elle grimper à la manière des rainettes. Au printemps, on la trouve dans l'eau, et l'été sous les pierres, dans les buissons. Je l'ai rencontrée dans les environs de Bar-sur-Seine et d'Estissac. (R.)

Genre Hyla.

La Rainette verte. *Hyla arborea.* (Schinz.)

On la nomme aussi vulgairement *Renongelle.*

Elle se tient souvent sur les feuilles des arbres dont elle a la couleur; elle y grimpe au moyen des pelottes visqueuses de ses doigts. On la nourrit souvent dans un bocal rempli d'eau, pour servir de baromètre. Comme les autres batraciens, elle passe l'hiver sans manger ni respirer, enterrée dans la vase des fossés. Aux approches de la pluie, le mâle fait entendre un croassement très-fort.

On la trouve dans les plantations humides autour de Troyes, etc. (A. C.)

Genre Alytes.

Le Crapaud accoucheur. *Alytes obstetricans.* (Wag.)

On l'a nommé *accoucheur*, parce le mâle aide la femelle à pondre ses œufs, qu'il enlace à ses pieds de derrière pour les porter dans l'eau, où il les féconde, et où les têtards doivent éclore. Le soir le mâle fait entendre par intervalle une voix qui ressemble à une très-petite clochette. Le son en est clair et n'a rien de désagréable, il me semble rendu par la syllabe *clock*. Cette espèce est très-petite, et les individus que j'ai trouvés aux environs de Paris sont tous bien plus petits encore que ceux de notre département.

On le trouve le long des murs, dans l'arrondissement de Bar-sur-Seine. (A. C.)

Genre Pelobates.

Le Crapaud brun. *Pelobates fuscus.* (Wag.)

Ce genre est bien caractérisé par l'ergot corné et tranchant qui arme le talon des pieds, et qui lui sert sans doute à creuser son trou.

Le Pelobate brun répand, quand on le saisit, une odeur d'ail qui fait pleurer. Au mois d'avril on le trouve accouplé dans les mares; l'été, c'est dans les bois marécageux qu'on le rencontre. Je l'ai rapporté de Lusigny. (R. R.)

Genre Bombinator.

Le Crapaud sonnant. *Bombinator igneus.* (Merr.)

Ou *Bufo bombinus.* (Daud.)

L'épithète d'*igneus* (couleur de feu) lui a été donnée à cause de son ventre jaune-orangé marqué de marbrures bleu foncé. Quand on le touche, il retourne ses membres au-dessus de son dos de la manière la plus singulière. Il fraie dans l'été. On en trouve toujours plusieurs réunis dans les mares argilleuses, d'où il sort peu et où il fait entendre la voix caractéristique qui l'a fait appeler *sonnant*. (C. C. dans l'arrondissement de Bar-sur-Seine.)

Genre Bufo.

Le Crapaud commun. *Bufo vulgaris*. (Laur.)

Le *Bufo cinereus* (Daud. et Risso.) et le *Bufo rœselii* (Latreil, Daud. et Riss.) ne sont que des variétés locales et accidentelles, suivant MM. Duméril et Bibron.

Son gros corps trapu, couvert de verrues, cause le dégoût; après une pluie on le rencontre dans les lieux obscurs et dans les bois. Pendant la sécheresse il se retire dans des trous en terre. (C. C. partout.)

On parle souvent de crapauds vivants trouvés dans des pierres, dans des trous d'arbres sans communication extérieure. Ce fait extraordinaire est exact et a été vérifié bien des fois ; avec quelques précautions on peut même le simuler artificiellement. M. Des Etangs m'a dit avoir trouvé dans une carrière de Montgueux le moule d'un crapaud ainsi enfermé.

Les crapauds sont innocents en ce qu'ils n'ont pas de venin agissant sur le sang comme celui de la vipère, mais l'humeur laiteuse et jaunâtre, qui exsude de leur peau et concourt au travail de la respiration, doit donner de mauvaises propriétés à l'eau, puisque cette liqueur peut faire mourir de petits animaux. Nous pensons que la répugnance qu'il inspire n'est pas sans fondement, et nous avons éprouvé que sa salive, le liquide qu'il éjacule quand on le tourmente, et l'humeur de sa peau causent sur les membranes muqueuses un sentiment de brûlure, et y déterminent des phlyctènes, comme le ferait l'euphorbe réveille-matin : l'humeur même des grenouilles, et surtout celle de la rainette des arbres, cause sur les lèvres et les yeux un prurit désagréable.

Quelquefois, pendant l'été, quand une petite pluie chaude succède à une grande sécheresse, on voit des quantités innombrables de petits crapauds et de petites grenouilles couvrir les chemins, et il ne manque pas de gens crédules qui croient que ces reptiles tombent d'un nuage, enfin que c'est une véritable *pluie de crapauds*. Ils prétendent que c'est le vent qui a emporté les œufs avec l'eau des marais ; mais ils n'expliquent pas comment peut se comporter le têtard après son éclosion dans l'air, ni sa transformation en petit crapaud, quand il tombe à terre. Autrefois on allait même jusqu'à croire à une *génération spontanée*. Il est bien plus sage de penser tout simplement que ces petits animaux, qui se tenaient cachés par la sécheresse, sortent par milliers de leur retraite, attirés par l'humidité. Ce grand nombre n'est pas étonnant, car on connaît l'immense quantité d'œufs que pondent les femelles. Reste à répondre à ceux qui disent avoir reçu sur leurs vêtements de ces reptiles qui ne pouvaient par conséquent sortir de terre : il est probable que c'étaient alors de jeunes rainettes qui ont l'habitude de se tenir sur les arbres, et que l'orage faisait tomber. J'ai déjà vu deux fois de ces apparitions si nombreuses de crapauds ; une sur un petit chemin de Pont-Sainte-Marie, et l'autre dans les Tauxelles, dans des endroits marécageux et après une pluie d'orage. De plus, j'ai vu un fait analogue aux Riceys ; mais cette fois c'étaient des salamandres et des tritons qui couvraient la route, après une pluie qui succédait à une forte sécheresse, et je n'ai pas essayé d'expliquer ces faits au moyen d'un nuage. Il me paraît plus naturel de penser que ces reptiles, cachés dans la terre, venaient absorber l'humidité dont ils étaient privés depuis long-temps.

Le Crapaud vert. *Bufo viridis.* (Laur.)

D'après l'Erpéthologie de MM. Duméril et Bibron, c'est le même que le crapaud des joncs, *Bufo calamita.* (Laur.)

Les auteurs en avaient fait deux espèces, suivant qu'il avait ou qu'il n'avait pas une raie dorsale jaune. En effet, cette ligne jaune est peu apparente chez quelques individus.

Il habite toutes nos contrées ; en mai, pendant l'accouplement, il se trouve en abondance dans les fossés de la garenne de Prédillon (nord-ouest de Troyes). Pendant l'été on le rencontre dans les décombres, les carrières, et en haut des collines, sous les pierres. (C.)

2ᵉ FAMILLE. — *LES URODÈLES* (ou ayant une queue.)

Genre Salamandra.

La Salamandre terrestre. *Salamandra maculosa.* (Laur.)

Elle est noire avec des taches irrégulières jaune-vif sur le dos. Cette espèce, que le blason figurait dans ses écussons, est célèbre par la faculté qu'on lui attribuait de résister aux flammes. Elle habite sous les pierres, dans les bois et les murs humides des vergers. Elle ne va à l'eau que pour y déposer ses têtards. (R. R. à Bouilly, Estissac ; mais A. C. à Bar-sur-Seine, à Ricey.)

Genre Triton.

La Salamandre crêtée. *Triton cristatus.* (Laur.)

Ainsi nommée, parce que le mâle porte une crête dentelée très-haute tout le long du dos, mais seulement au temps de l'amour. Le ventre est orangé avec des taches noires.

6

Les tritons possèdent à un haut degré la faculté de reproduire de nouveaux membres pour remplacer ceux qui leur ont été enlevés, et ils peuvent même être surpris et renfermés dans la glace sans périr.

Cette espèce habite les mares des bois et les eaux croupissantes de tout le département. Pendant l'été on la trouve quelquefois à terre. (C. C. mares de Prédillon, de Saint-Martin, de Villechétif, de Montgueux, de Saint-Germain, de Bar-sur-Seine, etc.)

La Salamandre marbrée. *Triton marmoratus.* (Cuv.)

Elle a la peau chagrinée, comme la précédente, à laquelle elle ressemble ; mais on la distingue par les taches irrégulières qui l'ont fait nommer *marbrée*, et par son ventre rougeâtre pointillé de blanc. Le mâle porte, pendant le mois de mai, une crête qui est bientôt remplacée par une ligne rouge.

Elle habite l'eau pour la reproduction, et l'été on la trouve sous les pierres, dans les lieux humides, les bois. (R. R.)

Genre Lissotriton.

La Salamandre ponctuée. *Lissotriton punctatus.* (Bell.)

Ou *Salamandra punctata.* (Latr.)

Le nouveau genre *Lissotriton* a été créé par Thomas Bell pour les tritons à peau lisse, les précédents ayant la peau chagrinée.

Le Lissotriton ponctué est ainsi nommé, à cause des taches arrondies, noirâtres, dont son corps verdâtre est parsemé. Le mâle seul porte une crête festonnée.

Il se trouve dans les mares d'eau stagnante, dans les rouissoirs au chanvre, où on le voit se promener par paires. (C. C.)

La Salamandre à ceinture. *Lissotriton alpestris.* (Ch. Bonap.)

Ou *Salamandra cincta.* (Latr.)

Sur ses flancs elle présente une rangée longitudi-nale de petits points noirs, d'où son nom assez impropre, car il semble indiquer une rangée transversale. Le dos du mâle, à peine crété, est pendant le mois de mai d'un beau bleu ardoisé, et son ventre est d'un orangé vif ; mais ces couleurs disparaissent bientôt dans l'alcool.

On la trouve dans les fossés remplis d'eau, sur les coteaux de Bar-sur-Seine. (A. C.)

La Salamandre palmipède. *Lissotriton palmipes.* (Bell.)

Ou *Salamandra palmipes.* (Latr.)

Le mâle porte l'indice de trois crêtes sur le dos, et un petit filet termine sa queue. Les doigts sont réunis par une membrane ; mais ce caractère varie avec l'âge. Je ne l'ai encore observée que dans les sources et les fossés stagnants de l'arrondissement de Bar-sur-Seine, et jamais à terre. (A. R.)

OBSERVATION. Tous les reptiles (soit salamandres, soit serpents) que des personnes trop crédules ou d'ignorants charlatans prétendent exister dans l'estomac de quelques malades, sont bien certainement des êtres chimériques dont la présence n'a jamais pu être prouvée. Cette fable est inventée par l'ignorance, par la jonglerie, ou, si elle est avancée de bonne foi, elle repose sur des observations trop légèrement faites. Comment peut-on admettre un fait si contraire aux lois de la nature des animaux ? Cependant ce préjugé est assez répandu dans le vulgaire.

4ᵐᵉ CLASSE. — **Les Poissons.**

1o. A SQUELETTE OSSEUX.

1ᵉʳ Ordre. Les Acanthoptérygiens, 5
2ᵉ Ordre. Les Malacoptérygiens-Abdominaux, 23
3ᵉ Ordre. Les Malacoptérygiens-Subrachiens, 1
4ᵉ Ordre. Les Malacoptérygiens-Apodes, 1

5e Ordre. Les Lophobranches,
6e Ordre. Les Plectognates,

2o. A SQUELETTE CARTILAGINEUX.

7e Ordre. Les Chondroptérygiens à branchies
libres,
8e Ordre. Les Chondroptérygiens à branchies
fixes,   3

Total des espèces,   33

Non compris celles fossiles.

1er ORDRE. — Les Acanthoptérygiens.

1re FAMILLE. — *LES PERCOÏDES.*

Genre Perca.

La Perche commune. *Perca fluviatilis* (Linn.)

Elle est reconnaissable par les bandes verticales noirâtres qu'elle porte sur le dos, et par ses nageoires inférieures rouges. C'est un assez bon poisson, des plus faciles à prendre à l'appât. (C. dans nos rivières.)

Genre Acerina.

La Perche goujonnière. *Acerina cernua.* (G. Cuv.)

On la nomme vulgairement *Goujon-Perchat*, et son nom lui vient de la ressemblance qu'on lui a trouvée avec la perche et le goujon. Ce que dit Grosley, dans ses Éphémérides Troyennes, d'un petit poisson nommé *Chagrin*, de son temps, paraît désigner celui-ci dont la peau couverte d'écailles âpres, semble rugueuse comme du chagrin. Il est olivâtre taché de brun. (A. R. dans la Seine, etc.)

Genre Sphyrœna.

Dans une fouille à Ervy, on a rencontré des dents

fossiles ayant appartenu à un Sphyrène (Bloc.) ou peut-être à une espèce de Requin (*squalus*.) poissons marins aussi voraces l'un que l'autre. (?) (Musée de Troyes.)

M. Cottet, conservateur-adjoint du Musée de Troyes, a présenté, le 6 juin 1842, à la Société Géologique de France, des ossements fossiles trouvés à Créney, près Troyes, dans la craie sans silex. M. Laurillard les a déterminés et a reconnu parmi ces débris outre la côte d'un saurien, dont j'ai fait mention à la classe des reptiles (page 112), une mâchoire inférieure, l'occinital et portion de l'opercule d'un poisson voisin des sphyrènes, parmi les poissons vivants, et des *hypsydon* de M. Agassiz, parmi les poissons fossiles. (Musée de Troyes.)

2e FAMILLE. — *LES JOUES CUIRASSÉES.*

Genre Cottus.

Le Chabot. *Cottus gobio.* (Linn.)

On le nomme plus vulgairement *Chaveur*. Sa grosse tête, large et déprimée, fait ressembler grossièrement ce petit poisson aux têtards de grenouilles ; aussi excite-t-il la répugnance, bien que sa chair soit aussi saine que celle des autres poissons. Il se tient sous les pierres, dans les ruisseaux d'eau vive, où il est facile à prendre avec la main. (C. C.)

Genre Gasterosteus.

L'Epinoche aiguillonnée. *Gasterosteus aculeatus.* (Linn.)

Les enfants la connaissent à Troyes, sous le nom d'*Epingale*. Elle est caractérisée par les trois épines qu'elle porte sur le dos, et qui la protègent contre la voracité des autres poissons. L'Epinoche est nuisible au peuplement des rivières, car elle détruit les poissons au moment de leur naissance.

D'après Cuvier, Linnée a confondu sous le nom

de *Gasterosteus aculeatus* deux espèces, 1° l'*Epinoche* à queue armée, *Gasterosteus Trachurus* (Cuv. et V.); 2°. l'*Epinoche* à queue nue, *Gasterosteus Leiurus* (Cuv. et V.). On ne trouve chez nous que la dernière, ayant, comme son nom l'indique, les côtés de la queue dégarnis d'écailles. (C. C.)

L'Epinoche à neuf épines. *Gasterosteus pungitius.* (Linn.)

C'est, avec la Bouvière, le plus petit de nos poissons, car il n'a que quatre centimètres de longueur. On le distinguera toujours facilement du précédent, par les neuf épines de son dos, le premier n'en ayant que trois.

Suivant Cuvier, Linnée a encore confondu sous le même nom deux espèces d'Epinoches à neuf épines : 1° l'*Epinochette* à queue armée, qui a les côtés de la queue garnis d'écailles carénées, et qui doit garder le nom donné par Linnée; 2° et l'*Epinochette* à queue nue, (*Gasterosteus lœvis.* Cuv.) qui est l'espèce que nous voyons dans nos rivières et même dans les marais. (A. C.)

3ᵉ FAMILLE. — *LES SCIÉNOÏDES.*

Genre Chrysophris.

On a trouvé dans une carrière, à Marolles-sous-Lignière, une dent molaire fossile, d'une grande espèce de *Chrysophris* (Cuv.), ou de *Cyrodus*, (Agas.) poissons marins. (Musée de Troyes.)

4ᵉ FAMILLE. —*LES SCOMBÉROÏDES.*

(Plusieurs poissons marins de cette famille, tels que le Maquereau et le Thon, sont très-connus sur nos tables.)

Genre Zeus.

Ce grand genre de Linnée, maintenant divisé en plusieurs autres, renferme des poissons de mer. Une empreinte d'un poisson antédiluvien de ce genre, a été trouvée dans la craie de S¹-Parres-les-Tertres. (Musée de Troyes.)

Genre Spherodus.

Les poissons antédiluviens de ce genre habitaient les mers ; ils ne se rencontrent plus vivants. Leurs dents aplaties, arrondies et placées sur plusieurs rangs, sont nommées *Bufonites*, dans les ouvrages de géologie, et elles se trouvent par fois isolées dans nos carrières. On a découvert dans une carrière (dans le Kimmeridge clay.) à Thieffrain, un pharyngien inférieur entier, du *spherodus gigas* (Agas). (Donné en échange par le Musée de Troyes, à celui de Paris.)

Dans le classement d'Agassiz, ce genre fait partie de sa famille des *Pycnodontes*.

2ᵉ ORDRE. — **Les Malacoptérigiens-abdominaux.**

1ʳᵉ **FAMILLE.** — *LES CYPRINOÏDES*.

Genre Cyprinus.

1ʳᵉ Division. Les Carpes.

La Carpe ordinaire. *Cyprinus carpio.* (Linn.)

Variétés : la Carpe à miroirs, *cyprinus carpio specularis.*

—   la Carpe à cuir, *cyprinus carpio coriaceus.*

Le poisson était bien plus commun autrefois dans notre département, avant que la plupart de nos étangs fussent rendus à l'agriculture. Il s'exportait en quantité pour la capitale, et dans les rues de Paris on entendait crier : carpes de Lesmont, brochets de Lahore.

On a calculé que l'ovaire d'une carpe contenait 700,000 œufs. Ce chiffre énorme donne une idée de sa fécondité.

On pêche quelquefois, dans les étangs de Piney, la belle race de carpe, dite à miroirs, dont les écailles sont remarquables par leur grandeur et leurs reflets.

La carpe à cuir n'est qu'une variété accidentelle et maladive de la carpe à miroirs qui a perdu une partie de ses belles écailles. (Ces variétés sont R. R.)

Quand on place des carpes dans des réservoirs souterrains, ou dans des fontaines très-froides, on les voit devenir difformes ; à Vendeuvre il existait des viviers qui ont été abandonnés pour ce motif.

La carpe de la Seine et des eaux vives se reconnaît à sa couleur jaune. Elle est plus estimée que celle de nos étangs. (C. C.)

La Carpe Gibèle. *Cyprinus gibelio.* (Gmel.)

Caractérisée par le manque de barbillons à la mâchoire supérieure, par la ligne latérale de son corps arquée vers le bas, et par sa nageoire caudale coupée en croissant.

Plusieurs personnes m'ont dit qu'on la pêchait parfois dans nos étangs, mais je ne l'ai pas observée moi-même. (R. R. ?)

La Dorade de la Chine. *Cyprinus auratus.* (Linn.)

Est bien connue sous le nom de *Poisson rouge.* Ce cyprin originaire de la Chine est maintenant répandu dans toute l'Europe. La domesticité, ou plutôt la nature de l'eau a fait varier sa belle couleur rouge dorée, car on en trouve de noirs et de blancs.

On l'élève dans des bassins et parfois dans des étangs, alors il devient assez gros, et sa chair imite celle de la carpe. (A. R.)

La Bouvière. *Cyprinus amarus.* (Bloch.)

A Troyes, les enfants la nomment *Gravier*, parce qu'elle se plaît sur la grève de la Seine. C'est le plus petit de tous nos poissons, car il est à peine

long de quatre centimètres, et sa petitesse empê-
chant qu'on puisse lui enlever la vésicule du fiel, il
est amer au goût, d'où son épithète d'*amarus*. On
pourrait le prendre pour un jeune véron, mais il
porte, comme les carpes, une épine rude à sa nageoire dorsale. (A. C.)

2me Division. Les Barbeaux.

Le Barbeau. *Cyprinus barbus*. (Linn.)

Son nom lui vient de quatre barbillons qui pen-
dent à sa mâchoire supérieure. Ce poisson croît
vite et devient très-gros, alors on en fait un plat
d'honneur, quoique sa chair soit médiocre. (C. C.
dans la Seine et dans l'Aube, moins dans les petites
rivières.)

3me Division. Les Goujons.

Le Goujon. *Cyprinus gobio*. (Linn.)

Tout le monde connaît ce petit poisson moucheté
de noir, portant des barbillons, et qui se tient par
troupes nombreuses sur les grèves des eaux limpides et courantes. On ne le mange qu'en friture, à
cause de sa petitesse. (C. C.)

4me Division. Les Tanches.

La Tanche. *Cyprinus tinca*. (Linn.)

Est caractérisée par ses très-petites écailles et par
l'enduit visqueux qui les recouvre. Le plus souvent
elle habite les eaux marécageuses, alors sa couleur
est sombre, et sa chair est peu estimée ; mais dans
les rivières vives, elle devient dorée, et sa chair est
alors bien meilleure. Dans cet état c'est le *cyprinus tinca auratus* de Bloch. (C. C.)

5me Division. Les Brèmes.

La Brème. *Cyprinus brama*. (Linn.)

Est facile à reconnaître à son corps très-haut,
comprimé latéralement. Elle est peu estimée, parce

que son corps mince est rempli d'arêtes. (C. dans la Seine et nos grandes rivières.)

La Brême Bordelière. *Cyprinus latus.* (Gmel.)

Par sa forme, elle ressemble à la précédente, mais elle est plus petite et ses nageoires inférieures sont rouges. On peut la distinguer des autres poissons à nageoires rouges par la nageoire anale qui est très-grande dans les brêmes.

Elle n'a pas un nom constant parmi les pêcheurs. Le nom de Bordelière veut dire qui habite les bords de l'eau. (A. C. dans nos eaux courantes ou tranquilles.)

6ᵐᵉ Division. Les Ables.

Plusieurs cyprins du sous-genre *Able*, sont vulgairement confondus sous le nom de *Poissons blancs*, et les petits sous celui de *Blanchailles*. Ceux à nageoires rouges, sont souvent confondus aussi sous les noms de *Rousse*, *Rosse*, *Rossat*.

Dans l'ordonnance émanée de notre préfecture, sur la pêche fluviale, il est question de la *Hovette* et du *Sourd* ; j'ignore à quels poissons se rapportent ces noms vulgaires.

La Chevenne ou Meunier. *Cyprinus dobula.* (Linn.)

Elle est encore connue sous le nom de *Vilna*, pour indiquer sans doute que c'est un poisson vil, dont la chair peu estimée est remplie d'arêtes.

Elle se reconnaît à sa tête large et arrondie, et à ses nageoires ventrales rougeâtres. C'est un des poissons qu'on prend le plus souvent à la ligne, à cause de sa gloutonnerie. (C. C. dans toutes nos rivières, surtout autour des moulins, d'où son nom de *Meunier.*)

Le Gardon. *Cyprinus idus.* (Bloch.)

Ressemble au précédent, mais sa tête est moins large ; il y a un proverbe qui dit : *être frais comme un Gardon*, parce que ce poisson vit assez long-temps hors de l'eau. (C. dans la Seine, autour des égouts et des moulins.)

La Rosse. *Cyprinus rutilus.* (Linn.)

Est connue sous le nom de *Rousse* et de *Rossat,* et se distingue facilement à la couleur rouge vif de ses nageoires. On en trouve dans la Seine, et on en met souvent dans les étangs. (A. C.)

La Vandoise. *Cyprinus leuciscus.* (Linn.)

Son corps étroit et assez allongé facilite la fuite de ce petit poisson, qui, se tenant ordinairement sur le gravier dans une eau limpide et peu profonde, sait très-bien éviter le filet. Dans le moment du frai les nageoires inférieures deviennent rougeâtres. (C. C. dans nos rivières à fond de grève.)

Le Rotengle. *Cyprinus erythrophtalmus.* (Linn.)

Ses nageoires inférieures rouges le font confondre par nos pêcheurs soit avec la *Rousse,* soit avec le *Gardon.* Il est caractérisé par la saillie brusque de son dos, élevé comme dans les brêmes, ce qui fait paraître sa tête déprimée. (A. C. dans la Seine et dans les étangs.)

Le Ryssling. *Cyprinus jaculus.* (Juri.)

J'admets cette espèce, d'après la description de M. Vallot.

Ce petit poisson est facile à confondre avec l'able, mais sa nageoire anale n'offre que quatorze rayons, tandis que dans l'able il y en a une vingtaine. On le voit souvent à fleur d'eau, mêlé au spirling et à l'able, lutter contre le courant, devant les vannes et aux environs des moulins ; à Troyes on le trouve aux Moulins-Brûlés, à l'endroit où se jettent les eaux de la ville. (A. C.)

L'Able. *Cyprinus alburnus.* (Linn.)

On le nomme aussi *Ablette,* et il est bien connu, car il se prend très-facilement à la ligne. A cause de sa petitesse, il n'est bon qu'en friture.

Ses écailles argentées et brillantes, servent à imiter très-bien les véritables perles, après avoir été rédui-

tes en poudre et collées dans de petites boules de
verre. (C. C. dans nos rivières.)

Le Spirling. *Cyprinus bipunctatus.* (Bloch.)

Ce petit poisson est connu dans notre département sous le nom de *Lorette* ; c'est l'*Eperlan* des
pêcheurs parisiens. Il est caractérisé par une double série de points, marquée latéralement le long
de son corps. (Dans tous les autres poissons, cette
ligne latérale est simple). On le voit jouer avec les
deux précédents à la surface des eaux courantes. (C.
C. dans la Seine, l'Aube et les petites rivières.)

Le Véron. *Cyprinus phoxinus.* (Linn.)

Malgré sa petitesse, on ne le dédaigne point pour
la friture, et on le pêche en même temps que la Loche Moutelle. Il fraie en mai, et alors ses bandes
nombreuses couvrent certaines grèves de nos rivières. On s'amuse souvent à le prendre avec une ca-
rafe en verre blanc, ayant la forme d'une nasse.
(C. C. dans les fontaines, les ruisseaux, les rivières.)

Genre Cobitis.

La Loche ordinaire. *Cobitis barbatula.* (Linn.)

Est très-connue aussi sous le nom de *Moutelle.*

Ce très-petit poisson est reconnaissable à son corps
cylindrique taché de brun, et à ses six barbillons. Il
se tient, comme le Chabot, sous les pierres, mais n'aime pas comme lui les eaux vives. Sa chair est recherchée. (C. C.)

La Loche des rivières. *Cobitis tænia.* (Linn.)

Je n'ai pas encore eu occasion de remarquer ce
poisson chez nous ; plus petit que le précédent, il
porte un aiguillon en avant de l'œil. (R. R. ?.)

2ᵐᵉ FAMILLE. — *LES ESOCÉS.*

Le Brochet. *Esox lucius.* (Linn.)

Les dents acérées qui garnissent le palais de ce

poisson servent très-bien sa voracité si nuisible au peuplement des étangs. Il aime à venir dormir au soleil, sur l'eau, et quelques pêcheurs sont assez adroits pour l'enlever alors avec un lacet de laiton. Autrefois les brochets de l'étang de Lahore avaient de la réputation à Paris; maintenant on n'en parle plus. Dans nos marais tourbeux on en trouve de noirs, ce qui tient à la nature du terrain; ceux-ci sont très-mauvais. On ne mange pas les œufs de brochets, parce qu'ils sont purgatifs. (C. dans nos rivières et nos étangs.)

3ᵉ FAMILLE. — *LES SALMONÉS.*

Genre Salmo.

Le Saumon, qui nous arrive des bords de la mer, soit salé soit frais, sert de type à ce genre.

La Truite saumonée. *Salmo trutta.* (Linn.)

La truite est le poisson le plus carnassier, après le brochet.

On sait avec quelle vitesse elle nage contre le courant; elle remonte même les chutes d'eau.

On peut voir facilement au printemps l'endroit où les truites fraient, car les pierres y sont frottées et débarrassées des herbes et de la vase.

La truite saumonée, remarquable par sa chair rougeâtre et les belles taches rouges de son dos, est la plus recherchée pour les tables délicates. On en pêche de temps à autre dans la Seine (aux Moulins-Brûlés par exemple), qui pèsent jusqu'à six kilogrammes. (C. C. dans les rivières limpides et à fond pierreux, comme l'Ourse, la Laignes.)

La Truite commune. *Salmo fario.* (Linn.)

Celle-ci se distingue de la précédente par sa chair qui est blanche, et parce qu'elle ne devient jamais aussi grosse. Quelques observateurs pensent même qu'elles ne font qu'une seule espèce. (?) (Plus C. dans les ruisseaux clairs et d'eau vive, que dans la Seine et dans l'Aube.)

5e FAMILLE. — *LES CLUPES*.

Le genre *clupea* est précieux, puisqu'il renferme plusieurs poissons de mer, tels que le Hareng, la Sardine, l'Anchois, utiles comme aliments, et dont on fait un commerce immense, même dans l'intérieur des terres.

3e ORDRE. — **Les Malacoptérygiens-Subrachiens.**

1re FAMILLE. — *LES GADOIDES*.

Genre Gadus.

Ce genre renferme des poissons marins qui fournissent d'importants articles de commerce; la Morue, le Merlan, sont habituellement apportés sur nos marchés. Une espèce remonte dans nos rivières, c'est:

La Lotte. *Gadus lotta.* (Linn.)

Elle se reconnaît facilement à son corps allongé, un peu anguilliforme, à ses marbrures brunes, et au barbillon unique qu'elle porte au menton. Ce poisson se dépouille comme l'anguille, et est des plus recherchés. Son foie surtout qui est volumineux est très-estimé. Elle ne se trouve guère que dans la Seine et dans l'Aube. (A. R.)

Les *poissons plats,* qui forment une 2e famille, sont tous marins; plusieurs, comme le Turbot, la Limande, la Sole, se voient journellement chez nos restaurateurs.

4e ORDRE. — **Les Malacoptérygiens-Apodes.**

FAMILLE UNIQUE. — *LES ANGUILLIFORMES*.

Genre Murœna.

L'Anguille. *Murœna anguilla.* (Linn.)

Long-temps le mode de reproduction de l'anguille

a été un problème, et a donné lieu à bien des con
jectures erronées. On a même quelquefois pris pour
de jeunes anguilles les vers intestinaux dont cette espèce est affectée. Aujourd'hui l'étude microscopi-
que de ses organes générateurs doit faire cesser
toute incertitude à ce sujet. La présence, chez certains individus, d'un ovaire pourvu d'œufs, et, chez
d'autres, d'une laite, conduit à affirmer que l'anguille se reproduit de la même manière que les autres poissons. Mais elle se rend tous les automnes à
la mer, pour y frayer ; et, à cette époque, le désir de
gagner l'Océan est si violent, qu'elle surmonte les
obstacles qui l'arrêtent, en rampant à terre, comme
les serpents. Elle est servie en cela par la faculté
qu'elle a de pouvoir vivre un certain temps hors de
l'eau. Ses habitudes étant toutes nocturnes, on ne
la pêche que la nuit, et, à l'époque de ses émigra-
tions qui ont lieu dans le mois d'octobre, on en
prend des quantités dans les anguillières que possèdent plusieurs moulins.

La peau d'anguille, à cause de la graisse dont elle
est pénétrée, était conseillée autrefois pour lier les
cheveux des femmes. (C. dans nos rivières.)

Un préjugé, très-répandu parmi les pêcheurs de
Troyes, veut que l'anguille soit produite par le
goujon. Ils soutiennent avec bonne foi avoir trouvé
de très-petites anguilles dans le ventre de ce petit
poisson. Pour répondre à cette fable, nous dirons
simplement que les poissons sont très-sujets aux
vers intestinaux, et que l'on peut trouver dans le
goujon : 1° l'*ascaris gobionis* (Gmel.) ; 2° la *tænia no-
dulosa* (Gmel.) ; 3° la *filaria ovata* (Ency. méthod.) ;
4° la *ligula abdominalis* (Gmel.), ou *ligula cingulum*
(Rudolphi.) ; 5° et la *ligula simplissima* (Rudolphi.).
Ces deux derniers vers parviennent à plus d'un
mètre de longueur, et il est certain que nos pêcheurs, n'y regardant pas de si près, auront pris ces
vers parasites pour de jeunes anguilles.

5ᵉ ORDRE. — **Les Lophobranches.**

6ᵉ ORDRE. — **Les Plectognates.**

Ces deux ordres ne renferment que des poissons marins, et, à notre connaissance, on n'en a pas encore trouvé de fossiles sur notre territoire.

7ᵉ ORDRE. — **Les Chondroptérygiens à branchies libres ou Sturioniens.**

Cet ordre comprend le genre Esturgeon (*acipencer*), dont les œufs salés donnent le caviar, et la vessie natatoire la colle de poisson. Tous ces poissons sont marins : on n'en a pas encore rencontré de fossiles dans nos carrières.

8ᵉ ET DERNIER ORDRE. — **Les Chondroptérygiens à branchies fixes.**

1ʳᵉ FAMILLE. — *LES PLAGIOSTOMES.*

Ancien Genre Squalus de Linnée.

On rencontre dans plusieurs localités des débris fossiles de Requins. Par exemple, on a trouvé à Creney, aux Croûtes et à Ervy, des dents fossiles d'une espèce particulière de Squale, du genre *Lamna* (Cuv.), voisin du *squalus cornubicus* (Schn.) (Musée de Troyes.)

Des dents fossiles provenant d'un requin du genre *Cestracion* (Cuv.), voisin du *squalus philippi* (Sch.), ont encore été trouvées dans la craie de Creney. (Musée de Troyes.)

Genre Raia.

Ce genre comprend les différentes espèces de Raies qui nous arrivent fraîches des bords de l'Océan. On a déjà rencontré sur notre territoire, dans le calcaire grossier, des dents fossiles de ces poissons.

2ᵉ FAMILLE. — *LES CYCLOSTOMES*.

Genre Petromyson.

La Lamproie fluviatile. *Petromyson fluviatilis.* (Linn.)

La petite Lamproie. *Petromyson planeri.* (Bl.)

Ces deux singuliers poissons se reconnaissent aux sept ouvertures qu'ils ont de chaque côté du cou. Ils s'attachent, par la succion, aux pierres et même aux autres poissons pour les dévorer. Ils habitent les eaux douces. Nos pêcheurs me les ont indiqués, mais je n'ai encore pu me les procurer. (?)

Genre Ammocœtes.

Le Lamprillon. *Ammocœtes branchialis.* (Dum.)

Est connu de nos pêcheurs sous le nom de *Cha-touille.*

Il a, comme les lamproies, sept ouvertures branchiales, mais il s'en distingue parce qu'il n'a point de dents, et qu'il ne peut s'attacher par la succion. Ce petit poisson répugne à cause de sa ressemblance avec un ver, et ne sert que pour amorcer l'anguille. (A. R. dans la Seine et l'Aube; C. C. dans la Laignes, l'Ource, etc.)

FIN

DU CATALOGUE DES ANIMAUX VERTÉBRÉS

du département de l'Aube.

ERRATA.

Page 3, ligne 6, au lieu de : retireront,   lisez : retireraient.
      8,   —   23,   —   du cours,   —   des cours.
     10,   —   1,   —   dû savoir,   —   du savoir.
     14,   —   5,   —   cresscrelle,   —   Cresserelle.
     16,   —   20,   —   arachmides,   —   arachnides.
     32,   —   28,   —   anti-diluvienne,   —   antédiluvienne.
     56,   —   27,   —   anti-diluvien,   —   antédiluvien.
     42,   —   28,   —   de Buffon,   —   à Buffon.
     48,   —   11,   —   zyndactyles,   —   Syndactyles.
     55,   —   34,   —   housscrole,   —   Rousserole.
     64,   —   31,   —   falouse,   —   Farlouse.
     69,   —   6,   —   wui, pui,   —   wui, plu.
     77,   —   5,   —   cravatte,   —   à cravate.

APPENDICE AUX BECS-FINS MUSCIVORES.

Depuis l'impression de ce Catalogue, j'ai eu occasion de mieux étudier les Pouillots, sur lesquels les naturalistes sont en si grand désaccord, et j'ai comparé ceux de ma collection à ceux que possède M. Gerbe, qui travaille à une monographie de ces oiseaux. D'après ses communications, je dois modifier ici ce que j'ai dit page 59.

L'espèce que j'indique, d'après M. Temminck, sous le nom de Bec-Fin Icterine, me paraît se rapporter parfaitement à celle que Vieillot décrit sous le nom de Fitis. Je n'ai point trouvé dans notre département l'Icterine de Vieillot, Bec-Fin qui se rapproche de l'*Hippolais*; mais j'ai rencontré fréquemment l'Icterine de Temminck, que maintenant j'appellerai Bec-Fin Fitis.

Le Pouillot à ventre jaune, *Sylvia Flavi Ventris*, de Vieillot, est très-probablement le *Sylvia Trochilus* de Temminck, et c'est l'espèce que j'ai indiquée sous le nom de Bec-Fin Pouillot.

Le Pouillot Fitis se distingue des autres espèces par son ventre blanc, par les stries longitudinales jaunes des parties inférieures du corps, et par les 3 ou 4 pennes latérales de la queue, qui sont arrondies et un peu échancrées en dedans à leur extrémité.

Le Pouillot à ventre jaune est, comme son nom l'indique, jaune sur toutes les parties inférieures, mais sans flammèches, et les pennes de la queue, au lieu d'être arrondies et échancrées, se terminent insensiblement en pointe.

Maintenant j'ai à ajouter une nouvelle espèce à ma Faune, c'est :

Le Pouillot à queue étroite. *Sylvia Angusticauda*. (Gerbe.)

Je m'empresse d'indiquer cette espèce de Pouillot inédite et découverte dans les environs de Paris, par mon ami, M. Gerbe : je l'ai déjà rencontrée plusieurs fois dans notre département, mais elle était innommée dans ma collection. (A. R.) (P. E.) (N.)

Les dimensions suivantes suffiraient pour faire distinguer ce Pouillot ; mais son authenticité comme espèce devient surtout évidente, lorsqu'on prend en considération le caractère saillant de l'étroitesse des pennes de la queue.

Le bec d'ailleurs est sensiblement plus déprimé et plus effilé que dans les espèces voisines.

Longueur des pennes de la queue, 45 millimètres.
Largeur des pennes de la queue.   6   idem.
Longueur du tarse.   19   idem.
Longueur de la rame (aile pliée). 62   idem.
Longueur totale. 116   idem.

Ces mesures sont prises sur plusieurs individus, venant de provinces différentes.

D'après ce qui précède et ce que j'ai dit page 59, voici la synonimie des 6 Pouillots de notre département, indépendamment du Bec-Fin Hyppolaïs, qui n'est pas un Pouillot, et du Bec-Fin Icterine de Vieillot, que je n'ai point encore vu chez nous :

1° Le Pouillot Siffleur (**Temm.**) ou Pouillot Sylvicole. (**Vieil.**)

2° Le Pouillot Fitis (**Vieil.**) ou Pouillot Icterine. (**Temm.**)

3° Le Pouillot à ventre jaune (**Vieil.**) ou Bec-Fin Pouillot. (**Temm.**)

4° Le Pouillot Véloce (**Temm.**) ou Pouillot Collybite. (**Vieil.**)

5° Le Pouillot Natterer (**Temm.**) ou Pouillot Bonelli. (**Vieil.**)

6° Et le Pouillot à queue étroite, espèce nouvelle qui avait été confondue avec le Pouillot à ventre jaune.

TABLE ALPHABÉTIQUE

des

ANIMAUX VERTÉBRÉS

CITÉS DANS LA FAUNE DE L'AUBE *.

Avertissement. 3
Noms des auteurs cités. 15
Signes et abréviations. 15

A		B	
Able	131	*Babillarde* (voyez Bec-Fin Babillard)	57
Ablette (voyez Able) . .	131	*Bacolle* (voyez Belette). .	23
ACANTHOPTÉRYGIENS . . .	124	Baleine fossile	38
Accenteur Mouchet. . .	62	Balbuzard.	40
Aigle Balbuzard. . . .	40	Barbastelle	19
Aigle Botté	40	Barbeau	129
Aigle Pigargue	40	*Bardeau* (voyez Ane) . .	34
Aigle Royal	39	Barge à queue noire . .	95
Alouette Calandrelle . .	66	Barge rousse.	95
Alouette de mer (voyez Bé-casseau)	91	Bartavelle.	78
Alouette des champs . .	65	BATRACIENS	116
Alouette huppée (voyez Co-chevis)	66	Bécasse	95
Alouette Lulu . . .	64—65	Bécasseau Brunette. . .	91
Alouette Pipit (voy. Pipit).	64	Bécasseau Cocorli . . .	91
Alyte accoucheur . . .	118	Bécasseau petit . . .	92
Ane.	34	Bécasseau Temmia. . .	91
Anguille	134	Bécassine ordinaire. . .	95
Anguille de haies (voy. Cou-leuvre)	113	Bécassine sourde . . .	95
		Bec-Croisé	69
Autour.	40	Bec-Figue. . . . . 55—65	
		Bec-Fin à poitrine jaune.	59
Avocette	91	Bec-Fin aquatique . . .	56

* Les noms des classes sont en MAJUSCULES, ceux des ordres en PETITES MAJUS-CULES, les noms des espèces en caractères ordinaires, et les noms vulgaires en *italique*.

— 142 —

Bec-Fin à tête noire . .	57
Bec-Fin babillard . . .	57
Bec-Fin de murailles . .	58
Bec-Fin Fauvette . . .	57
Bec-Fin Ictérine. . . .	59
Bec-Fin Natterer. . . .	60
Bec-Fin Phragmite. . .	56
Bec-Fin siffleur	59
Bec-Fin véloce	60
Belette.	23
Bergeronnette flavéole. .	63
Bergeronnette grise. . .	63
Bergeronnette jaune . .	63
Bergeronnette printan-nière.	63
Bernache	99
Bihoreau	89
Bitard (voy. Outarde bar-bue).	83
Bizet	75
Bizet fuyard (voy. Bizet) .	75
Blaireau	22
Blanchailles (voy. les Ables).	130
Blongios	89
Bœuf domestique . . .	76
Bondrée	41
Bouvière	128
Bouvreuil	70
Bourse-Rouge (voy. Rouge-gorge)	58
Branlequeue (voyez Berge-ronnette)	63
Brème.	129
Brème bordelière . . .	130
Brochet	132
Bruant de marais . . .	68
Bruant de neige. . . .	69
Bruant de roseaux . . .	68
Bruant fou	69
Bruant jaune. . . . 68—70
Bruant Zizi	69
Brunette	91
Butor, grand.	88
Butor, petit (voy. Blongios)	89
Busard des marais . . .	42
Busard Montagu. . . .	42
Busard St.-Martin . . .	42

Buse commune	41
Buse pattue	42

C.

Cabaret, grand	72
Cabaret, petit	72
Caille	80
Caille égyptienne (voyez Caille)	80
Caille verte (voyez Caille) .	80
Campagnol des prés . .	30
Campagnol ordinaire . .	30
Campagnol roussâtre . .	30
Canard à iris blanc. . .	103
Canard à longue queue .	100
Canard de Barbarie (voyez Canard musqué) . . .	99
Canard domestique. . .	100
Canard musqué. . . .	99
Canard sauvage	100
Canard siffleur	101
CARNASSIERS	18
Carpe à cuir.	127
Carpe à miroirs	127
Carpe Gibèle.	128
Carpe ordinaire	127
Castagneux	108
Castor fossile	30
Cerf	35
CÉTACÉS	37
Chabot.	125
Chafaux (voyez Chabot) .	125
Chagrin (voyez Goujon-Perchat)	124
Chardonneret.	73
Chardonneret à fève . .	73
Chasse-Pigeon (voy. Eper-vier)	41
Chat domestique . . .	27
Chat sauvage.	27
Chat-Huant (voy. Hulotte).	42
Chatouille (voyez Lam-prillon).	137
Chauve-Souris Murin . .	18
CHÉLONIENS	109
Cheval.	34

Chevalier aboyeur . . . 94
Chevalier Arlequin. . . 95
Chevalier aux pieds rouges
  (voyez Chevalier Gam-
  bette) 95
Chevalier aux pieds verts. 93
Chevalier Cul-blanc . . 94
Chevalier Gambette . . 93
Chevalier Guignette . . 94
Chevalier Sylvain . . . 94
Chevèche 43
Chevenne. 130
Chèvre domestique. . . 56
  — — Ses races. 37
Chevreuil. 35
Chien domestique . . . 25
  — — Ses races. 26
Chipeau 100
CHONDROPTÉRYGIENS A BRAN-
  CHIES FIXES. 136
CHONDROPTÉRYGIENS A BRAN-
  CHIÉS LIBRES 136
Choucas 51
Chouette Chevêche. . . 45
Chouette Effraie. . . . 43
Chouette Hulotte. . . . 42
Chrysophris fossile . . . 126
Cigogne blanche . . . 87
Cigogne noire 87
Cini. 71
Cobaye Cochon-d'Inde . 51
Cochevis 66
Cochon-d'Inde (voyez Co-
  baye) 51
Cochon domestique. . . 33
Combattant Paon-de-mer. 92
Coq domestique. . . . 81
  — — Ses races. 82
Corbeau 50
Cormoran grand. . . . 107
Corneille mantelée. . . 51
Corneille noire 51
Coucou. 46
Couleuvre à collier. . . 113
Couleuvre lisse 114
Couleuvre verte et jaune . 114
Couleuvre Vipérine. . . 113

Courlis de terre (voy. OEdic-
  nème) 84
Courlis d'Italie (voy. Ibis). 90
Courlis, grand 90
Courlis, petit 90
Crapaud accoucheur . . 118
Crapaud brun 118
Crapaud commun . . . 119
Crapaud sonnant . . . 118
Crapaud vert. 121
Crapaud volant (voyez En-
  goulevent) 50
Cravant 99
Cresserelle 39
Crocidure commune . . 21
Crocidure Leucode. . . 21
Cujelier (voyez Alouette
  Lulu) 65
Cul-blanc (voy. Chevalier). 94
Cul-blanc (voy. Traquet) . 62
Cygne domestique . . . 97
Cygne sauvage 97
Cyrodus fossile 126

D.

Daim 35
Dindon domestique. . . 81
Dorade de la Chine. . . 128
Draine. 55
Ducs (grand, moyen, petit). 43

E.

ECHASSIERS 83
Echasse à manteau noir . 84
Ecureuil 27
EDENTÉS 31
Effarvate 56
Effraie 43
Eléphant fossile. . . . 52
Emerillon. 39
Emouchet (voy. Epervier). 41
Engoulevent 50
Eperlan de la Seine (voyez
  Spirling) 130
Epervier 41

Epingale (voy. Epinoche). 125
Epinoche aiguillonée . . 125
Epinoche à neuf épines . 126
Epinochette (voy. Epinoche
à neuf épines). . . . 126
Etourneau. 52

F.

Faisan argenté 78
Faisan doré 78
Faisan ordinaire. . . . 78
Faucheau (voy. Busard). . 42
Faucous 38
Faucon Pélerin 38
Farlouse 64
Fauvette 57
Fauvette d'hiver (voyez Ac-
centeur). 62
Fer-à-cheval, grand . . 18
Fer-à-cheval, petit . . . 18
Foin (voyez Fouine). . . 23
Fouine. 23
Foulque Morelle. . . . 109
Freux 51
Friquet. 71
Furet 23

G.

GALLINACÉS 74
Gardon. 130
Garrot 102
Geai 52
Gobe-mouche à collier. . 55
Gobe-mouche Bec-figue . 55
Gobe-mouche gris . . . 55
Goéland à pieds jaunes . 105
Gorge-bleue 58
Gorge-rouge 58
Goujon. 129
Goujon-Perchat (voy. Per-
che-Goujonnière). . . 124
Grand-Duc. 43
Grasset (voyez Pipit des
buissons) 65
Gravier (voy. Bouvière) . 128

Gravichat (voyez Grimpe-
reau). 47
Grèbe Castagneux . . . 108
Grèbe huppé. 108
Grèbe Jougris 108
Grenouille ponctuée . . 117
Grenouille rousse . . . 116
Grenouille verte. . . . 116
Grimpereau familier . . 47
GRIMPEURS. 44
Grisette 57
Grive 53
Gros-bec 70
Grue 87
Guignard 85
Guignette. 94

H.

Halbran (voyez Canard sau-
vage). 100
Harle, grand. 103
Harle huppé 103
Harle Piette 104
Harpaye (voyez Buzard des
marais). 42
Hérisson d'Europe . . . 20
Hermine 23
Héron cendré. 88
Héron pourpré 88
Hibou Brachiotte . . . 43
Hibou Grand-Duc . . . 43
Hibou Moyen-Duc . . . 44
Hibou Petit-Duc. . . . 44
Hirondelle de cheminée . 49
Hirondelle de fenêtre . . 48
Hirondelle de mer Epou-
vantail 104
Hirondelle de mer Pierre-
Garin 104
Hirondelle de rivage . . 49
Hobereau 39
Hoche-queue (V. Bergeron-
nette) 63
Huitrier 84
Hulotte. 43
Huppe. 48

Hypsydon 125

I.

Ibis Falcinelle 90

J.

Judelle (V. Foulque) . . 109

L.

Lamprillon 137
Lamproie fluviatile . . . 137
Lamproie, petite 137
Lanveau (V. Orvet) . . . 112
Lapin 31
Lérot 29
Lézard de murailles . . . 110
Lézard des souches . . . 110
Lézard vert 110
Lézard vivipare 111
Lièvre 30
Linotte 72
Linotte de montagne . . 72
Lissotriton à ceinture . . 122
Lissotriton palmipède . . 123
Lissotriton ponctué . . . 122
Litorne 53
Loche de rivière 132
Loche ordinaire 132
Locustelle 56
Loir 29
LOPHOBRANCHES 136
Lorette (V. Spirling) . . 132
Loriot 52
Lotte 134
Loup 24
Loutre d'Europe 24

M.

Macreuse 102
MALACOPTÉRYGIENS - ABDOMI-
NAUX 127
MALACOPTÉRYGIENS-APODES 134
MALACOPTÉRYGIENS - SUBRA-
CHIENS 134

MAMMIFÈRES 17
Mammifères fossiles. 22, 30,
32, 33, 34, 35, 36 et 37
Mammouth. (V. Eléphant
fossile) 32
Marouette 96
Marte 22
Martin-Pêcheur 48
Martinet de murailles . . 49
Maubêche 92
Mauviette (V. Alouette des
champs) 65
Mauvis 53
Merle à plastron . . . 54
Merle de roche 54
Merle noir 53
Mésange à longue queue . 67
Mésange bleue 67
Mésange Charbonnière . 66
Mésange Moustache . . 67
Mésange Nonnette . . . 67
Mésange petite Charbon-
nière 67
Meunier 130
Milan 41
Milouin 102
Milouinan 102
Moineau 71
Morelle (V. Foulque) . . 109
Morillon 103
Mouchet 62
Mouette à pieds bleus . 105
Mouette à trois doigts . 105
Mouette rieuse 105
Moutelle (V. Loche) . . 132
Mouton 37
Moyen-Duc 44
Mulet (V. Ane) 34
Mulot 28
Musaraigne carrelet . . 20
Musaraigne commune . . 21
Musaraigne d'eau . . . 21
Musaraigne Leucode . . 21
Musaraigne porte-rames . 20
Muscardin 29
Musette (Voy. Musaraigne
commune) 21

N.

Noctule. 19

O.

Œdicnème criard . . . 84
Oie cendrée 98
Oie d'Egypte. 99
Oie domestique 98
Oie première (voy. Oie cen-
drée). 98
Oie rieuse 98
Oie sauvage 98
OISEAUX 58
Oiseau bleu (voyez Martin-
Pêcheur) 48
OPHIDIENS 113
Oreillard barbastelle . . 19
Oreillard commun . . . 19
Orfraie (voyez Pigargue) . 40
Ortolan . . . . . 46—68
Orvet fragile. 112
Ours des cavernes . . . 22
Outarde barbue 83
Outarde cannepetière . . 83

P.

PACHYDERMES 32
PALMIPÈDES 97
Paon-de-mer. 92
Paon domestique . . . 81
PASSEREAUX 50
Patte-noire (voyez Pipit-
Spioncelle). . . . 64
Pêche-Véron (voyez Mar-
tin-Pêcheur) 48
Pélobate brun 118
Pélodyte ponctué . . . 117
Perche commune . . . 124
Perche Goujonnière. . . 124
Perdrix de passage, ou de
montagne 76
Perdrix grise 79
Perdrix rouge 78
Petit-Duc. 44

Pic-Bois (voyez Pic Épei-
che). 45
Pic cendré. 45
Pic Épeiche 45
Pic Épeichette 45
Pic Mar 45
Pic noir 44
Pic vert 45
Pie. 52
Pic-de-Mer (voy. Huitrier). 84
Piegrièche à poitrine rosc. 54
Piegrièche écorcheur . . 55
Piegrièche grise 54
Piegrièche rousse . . . 50
Pigargue 45
Pigeon bizet 75
Pigeon domestique. . . 76
— Ses races . . . 71
Pinson 71
Pinson d'Ardennes . . 70, 71
Pintade domestique. . . 85
Pipit à gorge rousse. . . 64
Pipit des buissons . . . 64
Pipit Farlouse. 64
Pipit Rousseline. . . . 64
Pipit Spioncelle. . . . 69
Pipistrelle. 16
PLECTOGNATES. 131
Plesiosaurus 117
Plongeon Cat-marin. . . 107
Plongeon Lumme . . . 104
Plongeon, petit (voy. Cas-
tagneux) 108
Pluvier à collier, grand . 85
Pluvier à col interrompu . 86
Pluvier à collier, petit. . 85
Pluvier doré 85
Pluvier Guignard . . . 85
Poisson rouge (voy.Dorade) 128
POISSONS 123
Poissons blancs (voyez les
Ables) 130
Poissons fossiles.124,126,127,136
Popus (voyez Huppe) . . 48
Pouillot à queue étroite. . 139
Pouillot à ventre jaune.. 139
Pouillot Fitis. 139

Poule d'eau ordinaire . . 97
Poule d'eau Poussin . . 96
Proyer 68
Putois 23

Q.

QUADRUMANES 18

R.

Racaca (voy. Rousserole) . 55
Racanette (voyez Sarcelle d'hiver) 101
Raie fossile 136
Rainette verte 117
Râle d'eau 96
Râle de genêt 96
Ramier, grand 74
Ramier, petit 74
RAPACES 38
Rat commun 28
Rat d'eau 29
Rat des moissons . . . 28
Renard Charbonnier . . 25
Renard rouge 25
Renongelle (voy. Rainette) . 117
REPTILES 109
Reptiles fossiles. 109—111—112
Requins fossiles . . 125—136
Rhinolophe, grand et petit 18
Roi de cailles (voyez Râle de genêt) 96
Roitelet huppé 60
Roitelet Triple-bandeau . 60
Rollier 52
RONGEURS 27
Roselet (voyez Hermine) . 23
Rossat (voyez Rosse) . . 130
Rosse 130
Rossignol 57
Rotengle 131
Rouge-de-rivière (voyez Canard Souchet) . . . 101
Rouge-Gorge 58
Rouge-Queue 58
Rouget (voyez Canard Milouin) 102

Rousse (voyez Rosse) . . 130
Rousseline 64
Rousserole 55
Rousserole, petite (voyez Effarvatte) 56
Royal (voyez Troglodyte) . 60
RUMINANTS 35
Ryssling 131

S.

Salamandre à ceinture . 122
Salamandre crêtée . . . 121
Salamandre marbrée . . 122
Salamandre palmipède . 123
Salamandre ponctuée . . 122
Salamandre terrestre . . 121
Sanderling 84
Sanglier 33
Sansonnet (voyez Etourneau) 52
Sarcelle d'Egypte (voy. Canard à iris blanc) . . 103
Sarcelle d'été 101
Sarcelle d'hiver 101
SAURIENS 109
Serin domestique . . . 73
Sérotine 19
Sicilienne (voyez Mésange bleue) 67
Sitelle Torchepot . . . 47
Sizerin grand-cabaret . . 72
Sonneur à ventre de feu . 118
Souchet 101
Soulcie 71
Souris 28
Souris des champs (voyez Campagnol) 30
Spatule blanche . . . 89
Spherodus gigas . . . 127
Sphyrène fossile . . . 124
Spioncelle 64
Spirling 132
Squales fossiles . . . 136
Stercoraire de Buffon . 106
Surmulot 27

T.

Tadorne 100
Tanche 129
Tarier 62
Tarin 72
Taupe commune . . . 22
Têtard (voy. Grenouille) . 116
Tiatia (voyez Litorne) . . 53
Tichodrome 47
Tiercelet (voy. Epervier) . 41
Tiers (voyez Morillon) . . 103
Tique-Mouche (voy. Gobe-
mouche gris) 55
Toc-tois (voyez les Pics) . 45
Torchepot (voyez Sitelle) . 47
Torcol. 46, 69
Tortue fossile. 109
Tourne-motte (voyez Tra-
quet) 62
Tourterelle à collier. . . 74
Tourterelle blanche. . . 74
Tourterelle sauvage. . . 74
Traîne-buissons (voy. Ac-
centeur). 62
Traquet 62
Traquet Pâtre 62

Tréplu (V. Allouette Lulu. 65
Trictrac (voyez Traquet
Tarier) 62
Trille (voyez Proyer) . . 68
Triton crêté 121
Triton marbré 122
Troglodyte 60
Truite commune 133
Truite saumonée 133

V.

Vandoise 131
Vanneau huppé. 86
Vanneau Pluvier. . . . 86
Verderolle. 57
Verdier 70
Verdière (voyez Bruant
jaune) 68, 70
Verdret (voy. Lézard vert). 110
Véron 132
Vigneron (voy. Ortolan) . 69
Vilna (voyez Chevenne) . 130
Vipère commune 115

Z.

Zeus fossile 126

FIN DE LA TABLE.